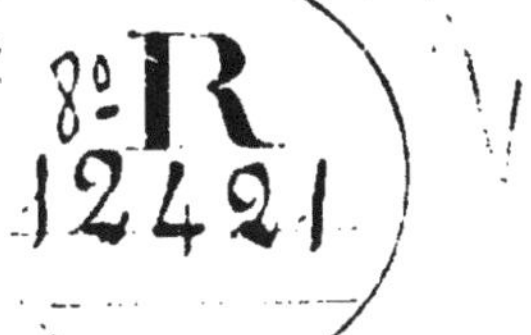

AF318021

L'ORACLE

L'AVENIR

PRÉDIT AUX JEUNES ET AUX VIEUX

7450-94. — CORBEIL. Imprimerie CRÉTÉ.

L'ORACLE

L'AVENIR

PRÉDIT AUX JEUNES ET AUX VIEUX

SUIVI DES HOROSCOPES

POUR CHACUN DES MOIS DE L'ANNÉE

PARIS

VERMOT, ÉDITEUR

20, RUE DU DRAGON, 20

AVANT-PROPOS

« Frappez et l'on vous ouvrira », dit l'Évangile :

Notre devise à nous est :

» Interrogez et l'on vous répondra ! »

Quel que soit le sujet sur lequel vous désiriez être éclairé, tout est inscrit et prévu sur les *Tablettes de l'Oracle* : rien n'a été omis. — C'est notre vie entière, qui dans les pages suivantes nous est contée, de façon quelquefois souriante, souvent sévère, mais toujours juste.

Vous pourrez y lire aussi, si tel est notre désir, la vie de vos amis quelque soin qu'ils aient pris à la cacher, et même si cela peut vous intéresser, celle de vos ennemis. — Rien ne nous arrête, nous dévoilons tous les secrets, nous mettons à la grande lumière du jour l'avenir dans son entière brutalité.

Si parfois, le lecteur trouvait un peu cruelle la réponse qu'il a sollicitée, nous ne nous démentirons pas pour autant, nous lui conseillerons toutefois de recommencer sa question et au besoin d'appliquer la première à son voisin.

Mais, cessons ce discours !

Nous voyons déjà un cercle d'impatients se former autour de notre livre.

Amis lecteurs et vous aimables lectrices, tournez la page et tremblez, vous allez apprendre sur vous-même des choses que vous ignoriez.

Nous commençons d'abord par donner ici la liste des questions que l'on peut adresser à l'Oracle et auxquelles il répondra d'une manière infaillible.

Elles résument toutes les diverses circonstances de la vie, on n'aura donc qu'à y faire son choix.

— Plus loin, pages 10 et 11 nous donnons la manière, une fois la question choisie, d'obtenir la réponse.

Le lecteur n'aura qu'à suivre la marche qui lui est indiquée pour être renseigné et fixé sur tout ce qui lui plaira.

Liste des questions à adresser à l'Oracle.

1	Mes études seront-elles bientôt terminées?
2	Quelle est ma destinée?
3	Quelle sera ma carrière?
4	Entrerai-je dans le commerce?
5	Aurai-je une carrière libérale?
6	Serai-je fonctionnaire?
7	Réussirai-je dans mes entreprises?
8	Deviendrai-je un personnage?
9	Aurai-je une bonne santé?
10	Me fortifierai-je physiquement?
11	Deviendrai-je infirme?
12	Est-ce que je plais?
13	Me trouve-t-on un joli visage?
14	Me reconnaît-on de la distinction?
15	Que dit-on de mon talent?
16	Me trouve-t-on de l'esprit?
17	Ma société plaît-elle?
18	Que dit-on de ma façon de m'habiller?
19	Me marierai-je?
20	Mon mariage est-il prochain?
21	Me marierai-je suivant mes goûts?
22	Ma femme aura-t-elle une belle dot?
23	Sera-t-elle grande ou petite?
24	Sera-t-elle jolie?
25	Sera-t-elle à la hauteur de sa mission?

Liste des questions à adresser à l'Oracle.

26	Sera-t-elle volage ?
27	Aurai-je du bonheur en ménage ?
28	Mon mari sera-t-il blond ou brun ?
29	Aurai-je des enfants ?
30	Serai-je un mari malheureux ?
31	Divorcerai-je ?
32	Aurai-je de la fortune ?
33	Atteindrai-je le but que je poursuis ?
34	Les pourparlers réussiront-ils ?
35	Pense-t-on à moi sérieusement ?
36	Comment faut-il interpréter les visites de M*** ?
37	N'ai-je pas à craindre un piège ?
38	Ai-je une rivale ?
39	Comment en avoir raison ?
40	Ferai-je des héritages ?
41	Aurai-je du bonheur en affaires ?
42	Ai-je une bonne réputation ?
43	Dois-je accéder à ses désirs ?
44	Me fera-t-on de beaux cadeaux ?
45	Mon escapade sera-t-elle connue ?
46	Le dira-t-on à ma mère ?
47	Mes projets d'établissement réussiront-ils ?
48	Mes vacances seront-elles agréables ?
49	Ferai-je d'agréables rencontres ?
50	Ai-je beaucoup d'amis ?

Liste des questions à adresser à l'Oracle.

Liste des questions à adresser à l'Oracle.

MANIÈRE DE S'Y PRENDRE POUR CONSULTER L'ORACLE.

Pour arriver à obtenir de l'Oracle une réponse satisfaisante, il est nécessaire de suivre avec le plus grand soin la méthode que nous donnons ci-après, afin de ne point commettre de confusions, ce qui rendrait le résultat détestable et ferait que les réponses ne correspondraient aucunement aux demandes.

Voici la manière d'opérer : Vous choisissez dans la table des questions une demande à laquelle vous désirez que l'oracle vous réponde et vous avez soin de retenir le chiffre qui la précède. Vous fermez les yeux et vous placez alors au hasard la pointe d'une épingle, d'un crayon ou de tout autre objet pointu sur l'un des numéros de la figure ci-contre, et vous remarquez le chiffre romain sur lequel cette pointe s'est fixée.

Puis, vous souvenant du numéro de votre question, vous vous reportez aux tableaux indicateurs (pages suivantes) où vous cherchez ce numéro : vous suivez la ligne de ce numéro jusqu'à ce que vous tombiez dans la colonne qui se trouve au-dessous du chiffre romain choisi au hasard. Le chiffre sur lequel vous vous arrêtez de cette manière vous indique le numéro du tableau qui se trouve dans le volume, auquel vous devez vous reporter pour obtenir votre réponse. Ce tableau trouvé, la réponse s'offre à vous en regard du chiffre romain sur lequel votre épingle s'est arrêtée.

Un exemple aidera beaucoup à comprendre ces indications et facilitera la recherche des réponses.

Supposons que vous ayez choisi la question 50. — Ai-je beaucoup d'amis ?

Vous fermez les yeux et vous placez au hasard un objet pointu sur le cadran. Supposons encore que cet objet se soit fixé sur le n° IX.

Cherchez au tableau des pages suivantes la question 50, suivez jusqu'à la colonne du n° IX, vous trouvez le n° 77. Ce numéro est celui du tableau auquel vous devez vous reporter pour obtenir votre réponse. Les tableaux sont placés dans le volume suivant leur ordre numérique. Au tableau 77 et en regard du n° IX, (le chiffre IX que vous ayez pointé), vous trouvez cette réponse :

« Tu me poseras cette question quand tu seras dans le malheur ! »

I
II III
IV V VI
VII VIII IX
X
HORACE

N^{os} DES QUESTIONS	NUMÉROS DES TABLEAUX A CONSULTER									
	I	II	III	IV	V	VI	VII	VIII	IX	X
1	57	13	34	63	9	22	97	44	19	85
2	28	81	43	17	50	6	35	69	91	77
3	66	48	30	70	14	58	3	89	11	24
4	39	52	98	49	68	15	76	84	29	2
5	42	8	71	32	7	88	59	94	62	20
6	93	26	86	10	64	4	23	33	56	41
7	12	54	78	25	96	87	45	67	5	38
8	73	99	27	16	36	51	80	1	60	47
9	82	79	18	31	100	46	72	21	92	75
10	95	55	37	40	61	83	53	65	90	74
11	24	60	51	94	79	5	34	82	14	45
12	33	3	95	48	13	71	27	56	61	86
13	6	67	57	15	80	43	75	22	98	32
14	53	76	84	62	41	99	10	36	25	4
15	16	23	2	77	52	30	66	97	40	81
16	44	31	58	93	17	63	21	7	83	72
17	65	19	35	20	74	8	50	88	49	96
18	11	87	69	47	26	59	9	100	73	37
19	85	29	1	12	38	92	70	64	55	91
20	18	39	42	46	28	54	68	78	89	90
21	92	50	36	72	15	29	42	87	6	63
22	50	77	22	99	40	3	62	54	84	10
23	9	45	75	33	55	11	98	23	66	88
24	70	94	56	65	84	69	31	17	29	8
25	1	14	90	85	72	44	26	34	68	52
26	59	80	61	4	91	74	18	43	35	21
27	47	5	13	53	60	32	81	73	24	93
28	25	64	7	57	2	82	51	95	48	39
29	67	20	83	27	97	12	46	58	16	19
30	100	89	79	96	76	49	71	86	41	78
31	37	38	92	29	42	2	54	74	13	87
32	15	53	45	18	37	20	39	61	75	3
33	4	71	38	41	19	52	94	27	63	76

Nᵒˢ DES QUESTIONS	NUMÉROS DES TABLEAUX A CONSULTER									
	I	II	III	IV	V	VI	VII	VIII	IX	X
34	86	49	21	30	56	67	5	70	96	14
35	77	17	55	64	82	31	16	46	7	28
36	51	90	66	73	22	10	83	8	47	34
37	23	9	12	56	65	93	24	11	32	50
38	40	62	85	91	89	78	69	35	26	43
39	60	25	6	80	58	81	44	98	57	68
40	79	88	97	95	99	33	100	48	1	36
41	36	56	72	3	44	21	12	60	82	92
42	10	33	40	23	78	7	99	ʌ0	64	59
43	96	74	32	14	35	50	84	25	46	5
44	8	41	20	61	16	42	52	71	15	83
45	87	11	53	43	3	66	79	57	93	22
46	58	6	19	75	81	90	20	37	65	48
47	26	95	4	55	98	13	30	47	85	73
48	49	63	88	34	24	70	1	18	51	95
49	62	27	91	86	31	9	17	39	45	54
50	68	97	76	2	67	100	89	28	77	69
51	19	66	89	9	39	79	22	92	58	46
52	76	59	23	82	10	45	32	68	97	6
53	41	12	96	52	25	27	77	85	33	66
54	94	37	5	74	47	27	38	50	17	100
55	54	73	48	35	62	86	2	91	20	18
56	31	43	11	69	57	1	90	75	80	26
57	29	83	70	42	95	16	56	38	71	60
58	61	4	81	36	8	98	28	13	53	49
59	84	24	65	21	63	34	14	40	99	7
60	88	78	87	44	93	72	55	51	30	15
61	2	96	39	11	73	57	43	3	67	23
62	17	65	20	6	33	40	82	59	72	95
63	78	58	93	60	12	24	36	81	4	42
64	45	10	8	56	21	80	74	99	31	61
65	97	30	77	87	5	91	63	19	22	51
66	32	84	54	37	46	14	92	76	9	13

N^{os} DES QUESTIONS	I	II	III	IV	V	VI	VII	VIII	IX	X
67	27	1	41	90	53	62	48	15	88	35
68	64	28	16	71	83	38	7	49	94	55
69	50	100	25	98	18	89	47	66	70	29
70	52	69	68	26	34	75	85	79	86	41
71	7	46	80	13	70	23	33	93	50	62
72	14	51	31	5	20	95	78	83	44	64
73	81	72	99	66	11	53	25	2	39	40
74	74	15	26	45	30	94	4	52	69	82
75	43	36	73	84	6	19	91	24	54	65
76	98	21	59	38	48	76	86	12	42	9
77	34	85	63	58	92	18	49	77	3	27
78	22	75	10	28	1	56	60	41	37	79
79	35	32	17	8	29	47	57	16	87	71
80	89	68	67	88	90	61	96	55	100	97
81	3	47	82	19	71	25	37	90	52	66
82	56	2	33	76	51	84	13	62	95	30
83	63	57	49	92	88	35	73	4	10	53
84	83	16	91	68	32	77	6	20	59	89
85	75	91	9	50	23	17	87	31	74	11
86	46	22	64	79	43	97	58	14	8	80
87	99	86	24	54	15	36	65	72	18	1
88	21	42	60	81	27	48	15	29	78	98
89	38	61	44	7	85	28	93	26	34	70
90	55	40	100	39	69	96	41	5	81	12
91	20	92	3	67	87	39	8	53	2	25
92	90	35	14	51	66	73	11	42	79	57
93	72	44	28	89	94	65	29	6	21	31
94	5	82	50	22	49	37	67	45	12	99
95	80	7	52	78	59	60	19	32	43	56
96	69	34	74	24	54	41	88	96	23	16
97	13	70	47	83	4	68	95	10	36	58
98	71	18	62	1	77	85	40	30	27	17
99	91	98	46	100	86	26	51	9	38	84
100	48	93	15	97	75	55	64	63	76	33

NUMÉROS DES TABLEAUX A CONSULTER

TABLEAU N° 1

I. — Oui, si on lui a appris à bien raccommoder les chaussettes!

II. — Prends le jeune, avec toi il sera vite vieux.

III. — Dans un couvent se confiner
Dans l'hymen aller s'enfoncer,
Se jeter dans un précipice :
Sont trois choses disait Maurice
Qu'il faut faire sans raisonner.   (LAVENNE).

IV. — Ne mets pas sur ton testament tous ceux qui ont su t'apprécier, parce que dans ce cas une semaine ne suffirait pas au notaire pour en faire la lecture.

V. — « Si je n'avais rien », ce n'est pas là une question, le proverbe dit : on ne peut donner que ce qu'on a.

VI. — Ne le confie jamais à une femme : — un secret tourmente plus une femme qu'une colique !

VII. — Toujours agréables quand tu seras entourée de ceux qui t'aiment !

VIII. — Une idée : fais comme Alcibiade, coupe la queue de ton chien pour faire parler de toi et tout le monde te regardera comme le personnage type de l'imbécile.

IX. — Si tu n'avais pas compté là-dessus, tu serais dans une meilleure situation aujourd'hui.

X. — Tu seras très riche... d'illusions, c'est encore la meilleure des richesses.

TABLEAU N° 2

I. — Je répondrais, si j'avais pu entendre hier soir, ce qu'il te disait, mais je n'ai vu que ses yeux de carpe pâmée et son air bête !...

II. — Certaines gens disent que le meilleur moyen de se faire désirer est de disparaître pendant quelque temps ; — je ne te conseille pas cela : — loin des yeux, loin du cœur. —

III. — Que tu as celui de te faire des amis en applaudissant cordialement le talent des autres.

IV. — Un ami c'est peu, un ennemi c'est trop !

V. — Il sera brun, viril — tu m'en diras des nouvelles !

VI. — Si tu divorces c'est que tu ne connais pas le plaisir délicat du pardon !

VII. — Ne crois qu'à la parole de Dieu, celle de l'homme ne lui sert qu'à déguiser sa pensée.

VIII. — Ce ne sont pas les reines qui règnent sur le plus de sujets, qui sont les plus heureuses.

IX. — Si tu es mariée... prie saint Polycarpe de ne le rencontrer jamais .. quand tu ne veux pas être rencontrée.

X. — Cela dépend, si, pour toi, vendre des pommes de terre frites, c'est faire du commerce. — Dans ce cas tu as bien des chances d'y entrer.

TABLEAU Nº 3

I. — Il sera si heureux et de si longue durée que l'heure de la séparation venue, on ne voudra plus se quitter.

II. — Oui, surtout à la marchande de corsets !

III. — Allez au labyrinthe du jardin des Plantes; en partant chacun du côté opposé vous vous rencontrerez au sommet.

IV. — Pour être toujours au-dessus de tes affaires, va demeurer au-dessus du Mont de piété.

V. — Non, grâce au parapluie.

VI. — Ce sera sa seule qualité !

VII. — Nourrice sèche pour bébés en carton.

VIII. — Oui, car il a l'air bien épris : — je le regardais hier, quand il te quittait : — comme il est très myope, il est allé se cogner le nez contre le... dos d'un bœuf femelle... excusez-moi, madame, et en se retournant il a bousculé ta pauvre vieille amie M... Ah ! c'est encore vous lui a-t-il dit ! — Fallait-il qu'il fut préoccupé !

IX. — Une dot est principalement enviée par les parents du futur.

X. — Tes neveux mangeront ton héritage en un mois.

TABLEAU N° 4

I. — En ne te pressant pas trop : tout vient à point à qui sait attendre.

II. — La providence protège les bonnes sœurs, mais elle aime aussi les braves mères de famille : celles-ci ont encore l'avantage d'avoir fait sur terre un bon bout de Purgatoire. — Choisis donc ce dernier moyen pour gagner le ciel.

III. — Tu t'établiras, mais pas du tout comme tu le crois.

IV. — On les aime d'autant plus quand elles le sont... légèrement.

V. — Une jeune fille ne doit jamais trop écrire ; en certains cas le silence est d'or.

VI. — Oui et non. — Par ta profession tu nettoieras les gants d'un fonctionnaire avec lequel tu te marieras et avec lequel tu seras attachée au ratelier de l'État.

VII. — On dit, que tu n'as pas reçu de lettres de M. X... depuis assez longtemps ; ne crois pas à son indifférence, il aura seulement oublié de mettre ses lettres à la poste.

VIII. — Si ton meilleur ami très enrhumé te donne un bon conseil suis-le pour ton bonheur : — çà sort du nez, mais ça part du cœur !

IX. — Tu maugrées trop souvent contre son improductivité.

X. — Tu es riche et timide ; tu as la distinction d'une huître à perles.

TABLEAU N° 5

I. — Peut-être; si tu sais graisser les rouages sans faire crier la machine; c'est une affaire de nez.

II. — Parbleu ! tu seras le plus heureux des trois !

III. — Es-tu décidée à en prendre l'habitude? — Alors pardonne !

IV. — Tu épateras le monde... de la foire aux pains d'épices.

V. — Celle qui te portera le meilleur conseil.

VI. — Si tu es bossu par derrière, tâche de rester droit par devant; ce sera moins laid !...

VII. — De suite... car on sera très flatté de t'avoir.

VIII. — Fais une dernière visite et annonce ton prochain mariage ; tu verras quel nez on fera, Seigneur !

IX. — Oui, — avec beaucoup de sagesse, d'esprit, de ténacité, de travail, etc. etc.. Quand tu auras tout cela, tu pourras demander une place dans le calendrier (de l'Almanach Vermot).

X. — Il est trop tard! — Inutile de demander un conseil.

TABLEAU N° 6

I. — Il faudrait avoir un bien mauvais goût pour ne pas être de ton avis intime.

II. — Oui, tes meilleures amies le lui diront, ce sera une occasion pour toi de prouver ton respect et ta soumission.

III. — Chez tes amies, en disant de ses pieds : « Quels abatis... Mon Empereur! »...

IV. — Oui, et aussi un beau-père!
Quand je dis beau!...
Du reste regarde-les, ils vont se baigner!

V. — S'il avait de bonnes nouvelles il t'aurait déjà écrit ; cependant l'homme est si bête, qu'il se croit toujours plus pressé d'annoncer une mauvaise nouvelle qu'une bonne.

VI. — Elle sera belle si tu fais ce que peux, et agis avec ce que les autres savent.

VII. — Bien sûr : — 18 ans, toutes tes dents, les yeux bien fendus!

VIII. — Une fâcherie, une bouderie, une réconciliation!

IX. — Et d'abord te marieras-tu? — C'est une question que je ne puis encore résoudre.

X. — Protestations d'homme épris, plume dans les airs. Autant en emporte le vent!

TABLEAU N° 7

I. — Les petits cadeaux entretiennent l'amitié, tu n'as pas l'air de t'en douter!

II. — Tu gagneras un œuf en perdant un bœuf!

III. — Il sera rouge, et tu sais que les rouges sont ou tout bons ou tout mauvais. — Tu as donc cinquante pour cent de chances d'en avoir un bon.

IV. — Tu te le promettras toute la vie.

V. — Aie d'abord le droit d'en choisir une de carrière!

VI. — Détestable!... Tu es plus jolie que n'importe laquelle de tes amies... Ce qu'elles te bêchent!...

VII. — Un petit souper fin vous remettra très prochainement.

VIII. — A Paris tout le monde en vend, mais souvent, c'est bien frelaté!

IX. — Oui, quand tu n'es pas là; — aussitôt que tu arrives on s'esclaffe!

X. — Un jour, sortant du bain, la porte que tu auras négligé de fermer s'ouvrira, un bel officier entrera te demander si c'est à ton frère qu'il a l'honneur de parler.

TABLEAU N° 8

I. — Ton plus beau sera un *bon* mari... Il en existe encore quelques-uns.

II. — Avocat sans causes, ou médecin sans clientèle, cela te conduira certainement à la Chambre.

III. — La veille !

IV. — Fils blancs dans les cheveux, gris dans l'âme, feuilles de roses pâlies dans l'herbier ! voilà les noces d'argent ! tout cela constitue le bonheur sur la terre !

V. — Avant, tu essaieras de l'Armée du Salut et... En avant!!

VI. — Qui ne se plairait dans ta société? Beauté, grâce, esprit, bonté ! — On tourne autour de toi comme les papillons vont à la lumière.

VII. — Rencontre-le *par hasard* donnant le bras *par hasard* à ton joli cousin. — Il est jaloux, tu verras comme tu le rencontreras après... plus que tu ne voudras.

VIII. — Tu crois bien trop facilement que tous ceux qui viennent chez tes parents sont des prétendants.

IX. — Oh! les pauvres bêtes que deviendraient-elle

X. — Oh oui! jolie, jolie, veinard va!

TABLEAU N° 9

I. — Si tu es petit et gros, n'épouse pas une femme grande ; quand elle te donnerait le bras elle aurait l'air de revenir du marché et d'avoir acheté un saucisson à pattes.

II. — Tu peux le craindre, mais c'est l'autre qui y sera pris.

III. — Oui, pendant quelques jours, puis on ne pensera plus à toi que rarement.

IV. — Tu vois ce portrait, il représente l'aspect que tu auras vingt ans avant ta mort.

V. — Probablement, si tu veux bien couper le câble qui remplace le poil que tu as dans la main... Extraction sans douleur.

VI. — Dans un petit chemin creux très étroit... Ce soir là tu gagneras sans crainte des sommes folles au jeu de loto. — Ça porte bonheur !

VII. — Que tu manques de goût en achetant tes toilettes à je ne sais quelle : « *Trompette de Jéricho.* »

VIII. — On dira de toi les choses les plus flatteuses, que tu mérites du reste !

IX. — Les employés du chemin de fer viendront à chaque instant, le train étant en marche, demander si ce n'est pas dans ton compartiment qu'on a sonné l'alarme.

X. — Si tu choisis Lucie, comme tu es bien moins riche qu'elle, tu prends un maître !...

TABLEAU Nᵒ 10

I. — Oui, une honnête femme a toujours une bonne réputation! (Joseph Prudhomme)

II. — Le jour où tu auras enfin réussi à trouver un mari!

III. — Oui!... Il est si jeune!...

IV. — Tu as trop d'irrégularité dans le caractère, et tu oublieras trop souvent d'aller au bureau.

V. — Celles que te représente ce dessin sont absolument sincères.

VI. — Il vient pour voir si l'autre... ne vient pas; il est si jaloux et si désireux de se marier avec toi.

VII. — Tu t'habilles trop richement suivant tes moyens : — l'élégance n'est pas toujours la distinction. Du reste, on en cause!...

VIII. — Ne réponds jamais à une lettre d'affaire; — la femme n'écrit qu'avec ses nerfs, l'homme avec sa jugeotte... quand il en a.

IX. — Ton malheur, c'est de n'écouter personne.

X. — Assez belle, mais dans tes mains elle fondra comme du beurre au soleil.

TABLEAU N° 11

I. — Que tu gagnerais beaucoup à échanger le carreau du Temple pour un bon tailleur.

II. — Comment veux-tu qu'elle ne le sache pas, puisque tu l'as déjà racontée à une de tes amies ?

III. — Tu as beau te cacher, Racine n'a-t-il pas dit :
L'amour le plus discret
Laisse par quelque marque échapper son secret.

IV. — Tu connais le proverbe : — Le limaçon vient, quand arrivera-t-il ? »

V. — Et ton préféré, que dira-t-il de ton règne ?... que c'est une République ouverte à tous.

VI. — La plus jolie petite boulotte qu'on puisse rêver.

VII. — Il n'en finissait pas de se lever pour partir ! C'est que par mégarde, il s'était assis sur ton chapeau neuf.

VIII. — Si ! mais le plus attrapé des deux ne sera pas celui qu'on pense.

IX. — Deux bons métiers pour un indolent comme toi : — Noircisseur de verres pour éclipses, ou bien vendeur de buis le jour des Rameaux. — Tu pourras te reposer pendant les mortes saisons.

X. — Oui, et beaucoup plus que tu ne le crois.

TABLEAU N° 12

I. — Seulement si tu sais te modérer, qu'embrasse manque le train.

II. — Pourquoi pas, le hasard est si grand !

III. — Rien à craindre : — avec ton intelligence, le piège ne prendra que ceux qui l'auront tendu.

IV. — Ne reste pas célibataire ou alors adieu famille, enfants, intérieur agréable ; plus de société, rien que des chameaux sur le chemin du désert.

V. — C'est assez difficile, un capital est fait pour rouler et être roulé : — défie-toi donc, fais plutôt comme ton grand-père à qui ses parents donnaient chaque dimanche 4 sous pour s'amuser : il se distrayait bien avec et leur en rapportait 5.

VI. — Deux, un garçon et une fille, choix de roi : — je les vois d'ici avec leurs jolis petits nez roses...

VII. — Oui, tu es prédestiné ! — Ta femme sera jolie, que veux-tu de plus ?

VIII. — Maudit argent va ! — Pauvre Marie !!

IX. — Ils s'entendent, comme trois larrons en foire.

X. — Pourquoi aller si souvent chez eux, puisqu'il est presque toujours en voyage.

TABLEAU N° 13

I. — Réponds-lui : — la bassesse de vos injures,
n'atteint point à la hauteur de mon dédain.

II. — Pour ce que tu étudies, tu ferais mieux de

cesser tout de suite, cela coûterait moins
à ton père !

III. — Ta femme ne sera pas dépensière ; elle aura
les pieds si longs qu'elle ne pourra jamais
s'approcher assez près des magasins pour
y être tentée.

IV. — Ce n'est pas en faisant la coquette comme tu
en as l'habitude.

V. — Une dame constate qu'elle a cessé de plaire
quand les yeux ne se retournent plus pour
la voir passer.

VI. — Que veux-tu dire par « mes projets d'établissement » ? C'est pour la galerie que tu
prends ces détours.

VII. — Devine plutôt, ce qu'on ne dit pas !...

VIII. — Oui, pour demander grâce au bon Dieu des
folles réponses que tu as si souvent faites
aux pauvres jeunes gens qui te recher-
chaient.

IX. — Une femme sérieuse et honnête ne peut me
poser cette question...

X. — Au retour de ton voyage de noces, on te demandera force détails et ce sera bien indiscret.

TABLEAU N° 14

I. — Comment n'y brillerais-tu pas ? — Tu es pourvue de toutes qualités pour cela.

II. — Oui, si tu sais bien la diriger ! — L'influence de l'homme sage est énorme sur sa femme.

III. — Sa réserve et son départ précipité, n'indiquent rien de bon.

IV. — Tu es bien décidée à n'en faire qu'à ta tête.

V. — Homme Sandwich (porteur d'affiches) tu aimes tant à te promener.

VI. — Oui, on racontera tes aventures !

VII. — Un jour, grâce à ta mesquinerie, achetant des œufs au marché, et les trouvant trop petits la marchande impatientée te dira : « Petite chipie, on voit bien que vous n'êtes pas chargée de les pondre ».

VIII. — Tu auras de beaux chevaux, dont tu seras fier : mais, souviens-toi que comme le cheval l'homme peut naître vicieux, morveux ; — puis il devient poussif et fourbu ; remède... se reformer soi-même ou manger son foin.

IX. — Il se pourrait qu'à un certain moment, ta *jugeotte* déménageât...

X. — Non, pas cette fois mais ils seront repris avant peu et alors, tout ira à merveille.

TABLEAU N° 15

I. — Avec du travail, de la conduite, du caractère et de l'intelligence, tu atteindras certainement la fortune, mais encore faut-il que la chance idiote soit avec toi.

II. — Absolument vrai !

III. — A l'Église on te fera un service grandiose ! Bien plus beau que ce que tu auras jamais mérité.

IV. — Ton signalement fait par ton amie : — Des cheveux en paillettes d'or ou en jais, un front d'airain, des yeux de biche, un nez grec, une bouche en cerise, des joues en pommes d'api avec duvet et fossettes, des dents en perles, des oreilles ourlées de satin, un col de cygne, des globes d'albâtre...

V. — Je te présente ce que tu trouveras de mieux. Il est veuf pour la... troisième fois.

VI. — Peut-être, mais tu n'y resteras que quand tu auras appris les mystères du coup de pouce sur la balance. — Alors ton caractère *grippe-sou* se révélera.

VII. — Pas en faisant comme tu fais !

VIII. — Comédienne va !!

IX. — Quelque chose d'excellent roulé dans de la farine et enveloppé de papier blanc !

X. — Un homme qui fait parler de lui, c'est bien. Une femme qui fait parler d'elle, c'est mal.

TABLEAU N° 16

I. — Un talent sérieux, appliqué et sans fracas : être comme cela, c'est le vrai moyen d'en acquérir davantage.

II. — Oui, tu le quitteras bientôt mais tu reviendras.

III. — Rien de mauvais comme des brouilles répétées, l'affection se lasse ; le cœur comme l'artichaut s'en va feuille à feuille.

IV. — Tu seras grand... un mètre soixante-dix.

V. — Le vieux qui te fait la cour, sachant que tu aimes beaucoup le melon ne t'en laissera pas manquer : Toute la saison tu en verras arriver deux, l'un portant l'autre.

VI. — Si tu crois aux oracles, consulte le sort : — Écris sur deux petits carrés de papier : oui, non... Roule-les, jette-les au vent et... attends.

VII. — On rit bien un peu, quand on se rappelle le joli petit singe.

VIII. — Tu les feras, mais comme tu t'admireras en songeant quelle somme de patience et de vertu il t'a fallu pour avoir supporté ton mari si longtemps !

IX. — Un seul, qui continuera la tradition de ses pères !

X. — Oui, on n'est souvent heureux et riche qu'en espérances.

TABLEAU N° 17

I. — Oh non !... tes manières affables ne serviront à rien ; autant frotter un porc épic à rebrousse poil.

II. — Bien plus à tes espérances qu'à toi !

III. — Oui, tu arriveras à cette première étape : — tu auras gravi la montagne, échappé aux précipices, à tous les dangers, si tu as eu de la peine, tu auras aussi le plaisir de la difficulté vaincue ; tu descendras ensuite l'autre étape, plane, sans fin, monotone ; eh bien, c'est la plus difficile et le chemin te paraîtra plus long.

IV. — Très heureuse si tu restes ce que tu es, modeste dans tes goûts, humain, serviable et bon.

V. — Aujourd'hui tu en es plein.

VI. — Un seul te regrettera..., celui que tu as dédaigné !

VII. — Des rencontres mais tu les feras naître !

VIII. — Si elle est trop jolie, souviens-toi qu'on ne peut juger du mérite d'une femme que lorsqu'elle cesse d'être jolie.

IX. — Le pardon hâtif est le plus humiliant châtiment qu'une femme puisse infliger à un homme !

X. — Laisse ta fortune à celui de tes héritiers qui s'y attend le moins, il y aura ainsi au moins un être qui se souviendra de toi.

TABLEAU N° 18

I. — Pourquoi grimacer ainsi en faisant cette question.

II. — Puisque tu n'as rien, donne tout aux pauvres.

III. — Oui, grâce au sirop à l'iodure de fer, de Blancard.

IV. — Oui... des bonnes fortunes.

V. — En sortant il a claqué la porte et a dit qu'il allait prendre un billet pour Pondichéry ! il va revenir dans une heure avec un paquet de tabac.

VI. — S'il avait le choix, il se contenterait de la dot, pour le moment; plus tard il verrait.

VII. — Un crampon n'est guère amusant : — veille au grain cependant !

VIII. — Désagréables, la cousine s'en mêlera !

IX. — D'ici peu, tu ajouteras cent mille francs, à ce que tu as et le tout à cinq pour cent ne fera jamais que cinq mille francs de rente.

X. — Non ! — Car tu sais par expérience que les promesses ne lui coûtent rien !

TABLEAU N° 19

I. — Tu as trop d'esprit ! — Tu n'atteindras pas un âge avancé.

II. — Oui, quand il pleut et que tu as un parapluie à offrir.

III. — Pour éviter qu'on ne lui dise quelque chose, ne fais rien de blâmable.

IV. — Trois mois de lune de miel, trois mois de désenchantement, trois mois de giffles, dix mois légaux... et enfin, le divorce, terme légal de la course en *Naquet*.

V. — Tu peux te fouiller !

VI. — Oui..., pour les divorcés.

VII. — En comptabilité, un procès est un bon à inscrire aux profits et pertes.

VIII. — La nuit de Noël où tu auras trouvé dans le foyer des boîtes de fruits confits Cromarias au lieu du paquet de verges que tu avais cependant si bien mérité.

IX. — Tu sais à peine jouer : « Ah ! vous dirai-je maman ! » que tu as mis quatre ans à apprendre et tu demandes si tes études de piano seront bientôt terminées ?

X. — Des enfants pleins d'esprit qui tiendront de leur mère.

TABLEAU N⁰ 20

I. — Oui, chez la somnambule !

II. — Les enfants, quand on en a, c'est bien, quand on n'en a pas, c'est mieux !...

III. — Ne t'effraie pas tant, on apprivoise bien un loup !

IV. — Tu plairais davantage si tu avais plus soin de ta personne.

V. — Apprends à ménager la vanité des autres, fais montre de tes talents sans gêner personne : une réputation ne se fait que par séries d'impressions agréables : — l'épine a toujours nui à la rose.

VI. — Ce n'est pas (t passant ton temps à lire l'Almanach Vermot qu'elle te viendra.

VII. — Le flair d'une mère n'a pas besoin qu'on lui dise quoi que ce soit ! — Elle est fixée.

VIII. — Oui ! — On y reste bien rarement aujourd'hui, et cependant, pour le sage qui sait borner ses désirs, là est le bonheur !

IX. — Il t'en conte et t'en raconte ! En somme autant en emportera le vent.

X. — Non, si tu veux réussir, ne produis rien; sers seulement d'intermédiaire entre ceux qui produisent et ceux qui emploient.

TABLEAU N° 21

I. — Tout dépend des événements de la vie; en cela, un inconscient, réussit quelquefois mieux qu'un homme capable.

II. — Larbin de sa femme ou prophète dans son ménage... choisis; d'un côté orgueil, égoïsme, vanité, prétentions... — de l'autre, vaillance, modestie, joie de vivre et d'aimer!... — moi, je préférerais Marie.

III. — Si l'on a tête froide et cœur chaud, tout ira bien.

IV. — Une des plus drôles c'est celle qui t'arrivera

dans une agence matrimoniale!

V. — Celui de la grande rupture.

VI. — Oui, si tu ne fais jamais rien de malhonnête, d'incivil ou de malséant.

VII. — Pour que l'on te réponde oui, entre dans la peau de Labiche et Boileau de La Fontaine Molière.

VIII. — Vous êtes maigre, nerveux, mangez le délicieux « Chocolat Mexicain de la maison Masson ».

IX. — Vous êtes tous deux si intéressés que vous vous mangerez le nez.

X. — Un peu de flirt n'est pas nuisible; c'est une soupape de sûreté dans un ménage.

TABLEAU Nº 22

I. — C'est peu probable, on pourrait même presque affirmer le contraire.

II. — Je pense bien, tu en fabriqueras des chevaux... mécaniques.

III. — Rien que de t'entendre poser cette question, si j'étais jeune fille, je ne me marierais jamais avec toi.

IV. — Pour gagner, tâche d'être celui qui a tort ; on s'intéresse plus à celui-ci qu'à celui qui a raison, car on s'amuse à lui voir dérouler ses ficelles !... Or, qui rit, pardonne.

V. — Quand il te connaîtra mieux, il ne viendra plus.

VI. — Cela ne dépend que de toi puisque tu as de bonnes notes quand tu veux t'appliquer.

VII. — Très longtemps !

VIII. — Accepte ce que la Providence t'a donné : tes beautés morales sont telles que le reste passe inaperçu... et c'est bien heureux pour toi !

IX. — En fait de nuit, je n'y vois goutte !

X. — Hélas oui ! — une escapade est toujours connue tant est grande la méchanceté des gens.

TABLEAU N° 23

I. — Il faut toujours craindre un piège ; quand on y est pris tous les rieurs sont de l'autre côté.

II. — Que, quand on est ainsi doué on tirerait de l'huile d'une pierre.

III. — Si ton ami bégaye, plus il bégaiera, plus il sera sincère... — C'est un signe certain.

IV. — Pour obtenir cette bonne réputation, fais-toi un haut idéal ; tu sais, la femme de César ne doit même pas être soupçonnée.

V. — Ceux qui ne te regretteront pas, ce sont les lièvres et les lapins de garenne qui vont,

par suite de ton départ, engraisser de telle sorte qu'on ne leur verra plus les yeux.

VI. — En faisant le grand déballage de toutes tes qualités et ensuite la liquidation à perte de tous tes défauts, il t'en restera encore assez de ceux-là, tout le monde en est si bien fourni que les acquéreurs sont rares.

VII. — Ton caractère pointu, te pousse de ce côté.

VIII. — Le première sera petite et la seconde grande.

IX. — Ne rêve plus à cela, c'est bien fini.

X. — Parle franchement à celui qui occupe tant tes pensées et dis-lui gentiment : — Je vous aime bien ! — tu verras comme il te sautera au col.

TABLEAU Nº 24

I. — Corporellement, non; — spirituellement oui, tes amis s'en affligent déjà.

II. — Beaucoup, par ta distraction; une nuit, dans la chambre de ta tante, ayant très soif, tu te tromperas de tasse et tu boiras celle où ta pauvre tante... crache.

III. — Homme de cabinet, quand tu auras sucé l'épargne d'autrui et vécu de la sueur du peuple, tu seras à la fin... profondément dégoûté de ce régime.

IV. — L'espérance est une traite tirée sur le bonheur à venir; elle est souvent protestée par les événements et toujours renouvelée par l'illusion.

V. — Ce n'est pas le jour où il fera de l'orage qu'elles seront agréables, toi qui as si peur du tonnerre !...

VI. — Le moyen le plus sûr et le moins employé : être large et généreux, humain et charitable.

VII. — Un piège !... c'est bientôt dit... mais si tu es fine que tu passeras toujours à travers les mailles du filet.

VIII. — Quand ton beau-père oubliera de t'envoyer la pension, tu ne diras pas : — « Pas de nouvelles, bonnes nouvelles ! »

IX. — Pour cela, marie-toi *in extremis*, ou avec l'Église.

X. — Tu passeras ta vie à en chercher une.

TABLEAU N° 25

I. — Qu'importe la nuance de ses cheveux, si tu l'aimes!

II. — En lui faisant jouer au piano trois fois de suite les *Cloches du Monastère.*

III. — Il ne sera pas sitôt parti qu'il le regrettera amèrement, c'est toujours comme cela : s'il s'arrête et revient, vas au-devant de lui.

IV. — Tu seras modiste, ton bon goût sera apprécié, tu feras fortune et bien autres choses encore.

V. — Si on en fait montre seulement, c'est déjà bien gentil!

VI. — Il sera d'une longue durée et des plus heureux pour tous les deux.

VII. — Oui, sur beaucoup de cœurs..., en pain d'épices.

VIII. — S'il désire se marier aux Calendes grecques..., flanque-le à la porte.

IX. — Apprends à te taire : — un sot qui ne dit mot ne se distingue pas d'un homme d'esprit qui se tait. — Fais-en ton profit.

X. — Tu te trouveras si souvent... *par hasard...* sur son passage habituel que la rencontre sera toute... naturelle.

TABLEAU N° 26

I. — Mais oui, puisqu'ils ne dépendent en grande partie que de ta volonté..

II. — Oui, heureusement pour toi et pour les tiens !

III. — Non : — rien de fâcheux ; ton futur est seulement allé chez le notaire pour connaître le chiffre de la fortune de... ta cousine.

IV. — On dit que tu as fait la fortune de deux marchands de coton : tu te paies des illusions en croyant t'arrondir avec cette industrie.

V. — On dit de toi et de ton amie que vous êtes deux excentriques qui tenez à vous faire remarquer.

VI. — On dira, si on t'a mis en terre : il est enterré. Si tu meurs pendant une traversée maritime on te jettera à la mer et on dira : il est em...; au fait je ne sais pas moi.

VII. — Si seulement elle arrive à porter la culotte dans le ménage, tu t'en trouveras on ne peut mieux.

VIII. — Non, pas toi !... Mais tes héritiers, ce qu'ils rigoleront !...

IX. — Si tu n'en avais qu'une !

X. — Tu peux te fier au sphinx de Louqsor, mais veille bien à ne pas être entendue par le concierge de l'obélisque, c'est un potinier.

TABLEAU N° 27

I. — Il doit être jeune, ou alors c'est que tu te sentiras un besoin de faire pénitence!

II. — Renversantes : — un paysan poli, un huissier sociable et un gendarme sentant la rose.

III. — Est-ce Gaudissart, Boireau, Grosbinet, Calino, Rapineau, Dumanet? Dis et je te répondrai.

IV. — Oh oui! tu as tant d'amis!... Tu te diras comme le tambourinaire de Daudet: Ça mé vénu tout seul, en entendant çanter le rossignol!

V. — Si c'est de ton capital dont tu veux parler, je le crois bien exposé en ce moment.

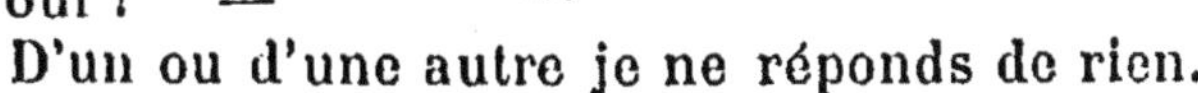

VI. — De la part de ton chien oui ! — D'un ou d'une autre je ne réponds de rien.

VII. — Tu liras cela dans les yeux des autres!

VIII. — Pour une jeune fille, le but est le mariage : on y arrive toujours, le plus tard est le mieux.

IX. — Laisse une bonne somme pour que tes héritiers viennent à chaque jour de l'an lire sur ta tombe l'Almanach Vermot! tu auras encore ainsi un bon moment sous terre.

X. — Non! et s'il tient à une dot, c'est pour pouvoir te rendre plus heureuse.

TABLEAU No 28

I. — Comme cela ne dépend que des qualités morales et sociales que tu pourras acquérir, tu la feras toi-même.

II. — Tous deux, vous brûlez d'envie de vous réconcilier, mais vous êtes comme deux chiens de faïence et muets comme deux carpes : allons vite, une risette.

III. — Si on t'accuse d'avoir volé les cloches de ton village, sauve-toi.

IV. — Fais-lui entendre que ta fortune est considérablement réduite, le connaissant je te prédis qu'il s'empressera... de demander ta main.

V. — Il n'est pas éloigné, et ce jour-là vous serez si heureux tous les deux que vous vous promènerez seuls une partie de la journée en jeunes mariés.

VI. — Tu croiras en faire bon usage en donnant les os que tu auras déjà rongés.

VII. — Au couvent de Saint-Joseph, quatre souliers sous le lit !

VIII. — Si tu comptes comme amis tous les flagorneurs que tu reçois, oh ! alors tu en as beaucoup.

IX. — Si tu l'aimes sincèrement, pour toi elle sera toujours la plus jolie.

X. — Oh oui !... et tu sais bien comment il s'appelle, seulement il demande *combien tu pèses?*

TABLEAU N° 29

I. — Inutile de te donner cette peine, elle se coiffera bien elle-même ; soigne ta coiffure à toi, mets le reste à l'avenant et tu n'entendras bientôt plus parler de la pauvre sainte.

II. — Je te le conseille ; le mariage est un lien que l'esprit embellit, que le bonheur conserve, et que le malheur fortifie.

III. — Oui ! un flacon de teinture pour les cheveux, meilleure que celle que tu emploies ordinairement.

IV. — Divorcer et se remarier, c'est changer son cheval borgne contre un aveugle.

V. — Oui, et le même jour, tu marieras la sixième de tes filles.

VI. — As-tu bon goût d'abord ? Si tu aimes le laid. tu ne manqueras pas d'occasions.

VII. — Méfie - toi ! Une femme trompée et délaissée a quelque droit à la vengeance.

VIII. — Pour conserver la fortune voici un moyen sûr ; ne dépenser chaque année que la moitié de ses revenus... (Ce n'est pas si bête que çà en à l'air).

IX. — Tu tiendras une auberge qui sera renommée pour la façon d'accommoder les oies.

X. — Il est parti par la gauche, prends la droite et certainement vous vous rencontrerez en moins d'une heure.

TABLEAU Nº 30

I. — Archi-superbe ; la dot sera en argent et les parents en terre.

II. — Celle qui précédera ton mariage.

III. — Notaire !... Mais prends bien garde aux gendarmes !

IV. — Des prétentions exagérées reculeront l'issue des pourparlers.

V. — Il est si vrai, que je t'engage à l'arrêter bien

vite, si tu peux.

VI. — Que tu as plus de bonne volonté que de talent.

VII. — Oui, à la condition de prendre la vie par le côté sérieux, et de dire adieu aux châteaux en Espagne.

VIII. — Explique bien dans ton testament, que tu veux être crémé et que tes cendres ne devront jamais servir à couvrir ce qu'a fait le chat...

IX. — Excuse-moi : mais chaque fois qu'on parle d'une dinde, ton nom revient sur toutes les lèvres... en se rappelant ton talent de cuisinière.

X. — Pas toujours, ainsi on vante tes qualités à dix lieues à la ronde, tu vois donc qu'on fera bien en cette circonstance de ne croire qu'une partie de ce qu'on dit.

TABLEAU N° 31

I. — Tu es bien naïve si tu y comptes!

II. — De l'esprit de calembours! — Ce n'est que la fiente de l'esprit qui plane.

III. — Pour cela, la beauté ne suffit pas : la distinction est souveraine .

IV. — Certainement oui, si tu suis les excellents conseils contenus au Dictionnaire de Médecine édité par Vermot, au n° 20 de la rue du Dragon à Paris.

V. — Si l'un des trois peut te convenir, choisis,

ils sont à ta disposition.

VI. — Pourquoi non : tu es capable d'imposer de tels sentiments que l'on ne peut penser à toi que sérieusement.

VII. — Si elle est toute jeune, elle sera quand même jolie : le diable se charge de la mettre à point.

VIII. — Un seul sera inconsolable pendant longtemps; ton pauvre chien qui t'aimait tant.

IX. — Celui de ta première communion!

X. — Un procès s'en suivra : si tu ne consens pas à humilier ton droit devant l'injustice.

TABLEAU N° 32

I. — Hélas oui ! pour ton voyage de noces tu visiteras la Suisse où on ne t'offrira dans les hôtels que des lits avec sommiers à grelots !... Ce qu'on potinera !...

II. — Mais oui, vous les ferez, pour vous moquer des divorcés.

III. — S'ils sont honnêtes, c'est à voir ! On n'attrape pas les mouches avec du vinaigre.

IV. — Si tu es bossu, n'aie pas de velléité de faire ton droit, sois plutôt ébéniste et tâche de faire un licencié (lit sans scier).

V. — Oui bientôt ; le désir de l'inconnu te pourchasse ; — mais le mal du pays te prendra ensuite, tu reviendras et tout te semblera plus petit.

VI. — Quand ta pauvre femme sera décédée !

VII. — Pourquoi pas, mon Dieu ? — On voit des choses si extraordinaires dans la vie !

VIII. — Profite de l'expérience pour ne jamais plus te fourrer dans cette galère.

IX. — Hélas oui ! — il est riche... d'illusions, et surnuméraire honoraire aux fonds secrets. — C'est un âne attaché au râtelier par la queue.

X. — Joli, non, — pas trop laid.

TABLEAU N° 33

I. — La figure est le miroir de l'âme ; tu plairas si ce qui est réflété est beau !

II. — Oui, puisque tu es douce, bonne, dévouée, discrète, économe, et pas belle...

III. — Jamais ; car, tout ce qu'on dit n'est inspiré que par l'envie, et la méchanceté.

IV. — Grande et belle, petite et jolie ; dit le proverbe.

V. — Oui, mais dans un appartement réservé, sur le même palier, pour être en famille. — Tu lui diras : chère belle-maman, pour éviter les importuns, quand vous nous ferez l'heureux plaisir de venir nous voir, sonnez trois fois, — et chaque fois que cela se fera, garde-toi bien d'aller ouvrir !

VI. — Trois jours après que tu auras rêvé d'une grenouille mélodieuse, tonparrain mourra et te laissera de quoi te consoler.

VII. — En cessant d'être aussi grimacière.

VIII. — Oui, demoiselle au téléphone. — Allô ! allô ! Quel bonheur pour une jeune femme de faire aller sa langue toute la journée.

IX. — Tu peux y compter.

X. — Quand tout le monde sera parti, et que tu resteras tout seul, tu monteras là-haut pour faire l'inventaire et la liquidation générale, tâche que l'actif dépasse le passif ou... gare.

TABLEAU N° 34

I. — Oh oui, va!

II. — Tu as certainement bien des chances de réussir.

III. — Oui, mais à la condition de t'appliquer sérieusement au travail et en ne perdant pas ton temps à baguenauder comme tu le fais.

IV. — Oui, si elles durent peu!

V. — Ta mère, tout en ne te quittant pas, n'empêchera jamais les mauvaises langues de s'exercer sur toi.

VI. — Un jour à dîner tu te trouveras à côté d'un incongru qui s oubliera au point de... (Relisez vent du soir) et qui croira faire une bonne plaisanterie en te disant : Dites que c'est moi!

VII. — Ta pauvre cervelle sera bien estropiée!

VIII. — Sois seulement à sa hauteur!

IX. — Ne dépense pas ta fortune en bonne chère et en vins fins, ou il te viendra un nez si rouge qu'en omnibus, le conducteur te criera : Monsieur... on ne fume pas ici!

X. — Il passe son temps à faire des visites et je connais dix jeunes filles qui m'ont déjà posé la même question à propos de lui.

TABLEAU Nº 35

I. — L'oracle te prédit un mariage si heureux, que tes noces d'argent ne seront qu'une sorte de gravure (après la lettre) de ton beau jour de mariage.

II. — Son attitude était pleine de tristesse : pourquoi aussi l'amener au désespoir avec ton indécision à prendre un parti.

III. — Quand tu n'as pas marché dans... ce avec quoi on ne fait pas le pain, à ce que disent les paysans qui s'y connaissent.

IV. — Au moment de se prononcer et de la tenir sa parole, hélas ! il fera semblant d'être saisi et la perdra (sa parole).

V. — Demande - lui à réfléchir.

VI. — La première idée est toujours la bonne, mais il faut sans cesse la modifier au sens opportuniste. — Comme au couteau de Janot, on remet trois manches et six lames et c'est toujours le même.

VII. — Essuyer tes yeux et ramasser ton bonnet.

VIII. — Toutes tes meilleures amies sont et seront toujours tes rivales... Bêche-les.

IX. — Cela dépendra beaucoup de ta conduite à toi.

X. — Comme âge, comme qualités et comme homme, il sera en tous points digne de toi.

TABLEAU N° 36

I. — C'est souvent affaire de chance ou d'occasion saisie par les cheveux.

II. — Mets dans le plateau d'une balance tes qualités, tes gentillesses, en un mot tout ce que as déployé pour le charmer; dans l'autre plateau, place tout tes torts envers lui; la balance fixera ton sort.

III. — Tes goûts dispendieux t'amèneront une femme dépensière et peu économe.

IV. — Se dévouer est dans l'instinct noble de la femme, mais avant de se dévouer à tous, mieux vaut encore se dévouer aux siens, d'abord.

V. — Oui, en vérité, tu deviendras grand compositeur, mais avec tes goûts, tu seras plus souvent pris de rhum (Rome) que prix du Conservatoire.

VI. — Oui; mais n'oublie pas que la rançon de la richesse, à notre époque surtout, est la générosité envers ses semblables.

VII. — Tu l'exposes trop, pour le conserver longtemps.

VIII. — Tu ne seras jamais distingué que pour des myopes.

IX. — Réponds : Flûte ! ou mieux encore, dessine un petit lapin et envoie-le-lui.

X. — Tu hériteras d'un vieux parent n'ayant ni sou ni maille qui viendra finir ses jours chez toi.

TABLEAU N° 37

I. — Divorcer? pourquoi, puisqu'on te supporte avec tous tes défauts.

II. — Oui, a moins qu'on ait un caractère pointu, pointu : dans ce cas là, c'est à soi qu'il faut qu'on pardonne.

III. — Pour cela, use de ce modeste ordinaire : pâté de foie gras truffé, poularde du Mans, pâtes alimentaires, farineux de toutes sortes, vin de Vial, etc...

IV. — On dira que tu te maquilles et que tu te rajeunis de trois ans !

V. — Tu es si aimable et si bonne que la fortune viendra enfin te trouver d'elle-même : l'eau va toujours à la rivière.

VI. — Un mauvais arrangement vaut mieux que deux bons procès : — dis-toi, c'est telle somme que je perds, ne plaide pas, et passe à autre chose.

VII. — Comme vous êtes tous deux greffés sur Martin sec, vous ne verrez jamais la fin de votre mariage.

VIII. — Je le souhaite pour toi, car ta mère est ta meilleure sauvegarde.

IX. — Pourquoi te fâcher si ton ami est si heureux d'avoir une femme charmante, et riche par-dessus le marché?

X. — Que les dessous ne valent pas les dessus !

TABLEAU No 38

I. — Oui, si tu en uses sans orgueil, sans fracas, sans dédain pour personne.

II. — Ne divorces pas : — le temps passe l'éponge sur tout le passé.

III. — Oui, mais prends garde que le but ne te rebutte : si tu as mal débuté, tu te buteras en vain, tu feras la culbute, et alors rebuté tu n'auras plus de but.

IV. — Marie est pauvre, avec ton travail tu arriveras peut-être à la fortune, car rien n'est si ardent à la curée qu'une puce maigre.

V. — Quand tu seras sage, mais alors tu ne voudras plus, et comme le papillon tu iras d'une fleur à l'autre.

VI. — Patience et longueur de temps font plus que force ni que rage.

VII. — Oui, mais seulement après avoir bien crié, trépigné et giflé ! — Alors au lieu de se fâcher, ton mari rira de bon cœur.

VIII. — Toi, tu te marieras, mais ton amie qui a si mauvaise langue, restera. — Je la vois vieille fille chez le boucher et lui disant dans sa distraction. — Vous ne me donnez pas un petit *nonoss* pour mon p'tit *sien sien* ! C'est la seule *réjouissance* qui l'attende !

IX. — En se rappelant toutes tes qualités on dira que la génération nouvelle aura de la peine à égaler l'ancienne.

X. — Oui, si tu fais d'une manière soutenue ce qu'il faut pour cela.

TABLEAU N° 39

I. — Oui,... épicerie, comestibles, bougies extra...
il n'y a que cela ! — Tu seras même si
renommé pour les cafés qu'on t'appellera
« *Bon mélange* ».

II. — Tu ne recules que pour mieux sauter.

III. — Il a l'air si ours, que j'espère bien que tu ne
t'occupes plus de lui.

IV. — Des visites,
m a l h e u -
reux ! mais
fais donc d'a-
bord mettre
un fond à
ton panta-
lon.

V. — Achète un
perroquet
jeune pour voir s'il est vrai que cela vit
cent ans.

VI. — Pour se rencontrer, il faut se chercher ! —
Quittez votre bouderie et jouez à cache
cache, les yeux fermés ; il y aura toujours
bien un petit coin où on se rencontrera.

VII. — Tâche d'avoir un brave mari, de beaux enfants, de bons parents ; tu n'auras rien de
plus à désirer.

VIII. — Très agréable, en face d'une glace, toutes les
fois que tu rencontreras ton visage.

IX. — Un gouvernement qui fait risette à tout le
monde, plaît à la foule, mais n'a jamais de
serviteurs idolâtres.

X. — Il sera passé au bleu... tu resteras vieille
fille.

TABLEAU N° 40

I. — Hélas oui! Un joli petit trottin de la couturière à la mode.

II. — Si tu continues toujours tes mêmes visites, tu finiras peut-être par trouver une femme vers cinquante ans.

III. — Assurément, grâce à ton soin de cacher tes tout petits défauts.

IV. — Oui, surtout la première année de ton mariage!

V. — Ta femme sera comme l'escargot, toute sa fortune sera sur elle!... Tu vois ce qu'elle t'apportera...

VI. — N'intervertis pas les rôles, c'est ta pauvre belle-mère qui te subira.

VII. — Ne t'inquiète pas pour si peu, car, quand on aura payé tes dettes et les frais de ta dernière maladie, il ne restera même plus de quoi faire sauter le lapin traditionnel.

VIII. — Un jour, après l'achat secret d'un râtelier complet tu le cacheras dans ta poche et t'asseyant sans précaution, tu resteras toute saisie en sentant que tu t'es toi-même mordue!... ce que l'on n'ose nommer.

IX. — Beaucoup de fla-fla...

X. — Régner sur plusieurs cœurs, c'est se préparer bien des déceptions; donner son cœur une fois et à un seul c'est assurer le bonheur de sa vie.

TABLEAU Nᵒ 41

I. — Oui, si tu es toi-même d'un profond dévouement : l'eau va toujours à la rivière.

II. — Tu recevras une machine à coudre« New-Home ». C'est la prospérité assurée dans ton ménage.

III. — Il aura trente ans, de la vaillance, de la valeur, et déjà un bon lot d'expérience.

IV. — Un but que tu aurais du te fixer, c'est d'avoir au moins une douzaine de chemises pour ton mari, afin d'éviter de les faire blanchir par unité.

V. — On ne se distingue que par ses mœurs.

VI. — Espère toujours, l'espérance est un emprunt fait au bonheur.

VII. — On n'a rien à gagner à vouloir se faire trop connaître.

VIII. — Ta supposition est calculée, pourquoi lui aussi, ne compterait-il pas ?

IX. — Si pour te rendre malheureux, il faut que ta femme soit mère d'un négrillon, tranquilise-toi, ils seront tous blancs...

X. — Commence par faire ton service dans la cavalerie, cela te sera d'une grande utilité pour l'endurance du rond de cuir.

TABLEAU N° 42

I. — Oui, si tu désires être dans la purée jusqu'à la fin de tes jours !

II. — Comment ferais-tu pour perdre quelque chose, puisque tu n'as rien.

III. — Apprends d'abord ce qu'est la vie !

IV. — Le dessus du panier se met à part, la foule des acheteurs se jette sur le tas. Si tu n'as pas encore trouvé amateur, c'est que tu brilles au premier rang !

V. — Hélas ! il faudra bien t'y résigner : autrement tu ne pourrais plus passer même sous l'Arc de Triomphe.

VI. — Les plus beaux magasins se mettront sur les dents pour toi.

VII. — Oui ! si tu te maries dans l'épicerie. — Dans ce cas à défaut de beauté tu pourras t'abreuver de bon thé !

VIII. — Il avait l'air gêné, anxieux !... et cependant, en entrant j'ai cru l'entendre jouer du piano... aurait-il des secrets pour moi ?... Mais non, c'était le son du flageolet de Soissons, le piano du pauvre !

IX. — Si tu prends Marie, avec ta petite position tu seras le phénix, le roi dans ton ménage.

X. — Et d'abord, place-le bien si tu peux ?

TABLEAU N° 43

I. — On dit cela généralement : il n'y a vraiment que lorsqu'on a enfin reçu des nouvelles et qu'elles sont bonnes, que le proverbe est vrai.

II. — Oui, pour ton âge ! (Si on ne reconstitue pas les actes de naissance de l'état civil brûlés pendant la commune !)

III. — Tu deviendras très riche, après avoir trouvé le procédé pour couper des liards en quatre, attacher ton chien sans saucisses et tondre des escargots.

IV. — Si elle est connue, n'en fais pas une autre, le remède serait pis que le mal !

V. — Oui, tu en auras... à conduire !

VI. — Je t'assure qu'à cet égard les avis ne sont pas partagés du tout, ils sont unanimes à reconnaître qu'en fait de visage le tien n'est pas ordinaire.

VII. — Si tu veux, les pensées ne paient point d'impôts.

VIII. — Marié, tu es sous la même bannière que les autres : — sois philosophe, à la longue, on s'y fait !

IX. — Tu retireras de la bonne issue de ton procès, la rancune, les représailles, la haine, peut-être : l'homme prudent ne doit jamais aller jusqu'au bout de son droit.

X. — Oui ! et elle triomphera.

TABLEAU N° 44

I. — Lequel?... Esprit de contradiction, esprit de se taire (précieux celui-là quand on traite ce sujet), superficiel, profond, creux, plat, aigu, pointu, obtus, mordant, court, enfin, est-ce celui à la descente duquel tu ne t'es jamais trouvé?...

II. — Il en résultera comme toujours l'engraissement des oiseaux de proie que l'on nomme huissiers.

III. — Vieux, tu deviendras ermite.

IV. — Il n'y a pas de plus belle parure pour une femme, que le silence autour d'elle.

V. — Qu'après un voyage à Bruxelles en compagnie d'une forte grenouille, tu chasseras les remords en te disant : « Après tout, les affaires, c'est l'argent des autres ! »

VI. — Oui, si elle dépasse en mérite la cuisinière Durandeau et n'a pas de trop grosses notes chez la couturière.

VII. — En dédaignant l'imbécile qui aura hésité une seconde entre elle et toi.

VIII. — Viendrais-tu nous faire croire que tu as jamais étudié quelque chose !...

IX. — Pas longtemps, car tu iras au couvent, je te dirai plus tard lequel !

X. — On en a fait plus qu'on en fera.

TABLEAU N° 45

I. — Celui, ou après le Grand Rappel, t'étant présenté là-haut, saint Pierre t'ouvrira la porte du Paradis à deux battants, te prenant pour un autre.

II. — Si tu es grand épouse une petite femme, elle sera toujours tentée de te prendre pour un grand homme.

III. — La fortune n'a qu'un cheveu qu'il faut saisir à propos.

IV. — Il n'y a pas de fumée sans feu.

V. — Oui, par l'élevage raisonné d'une masse de lapins!... Ce qui te permettra de poser...

VI. — Comment persuader sans protester? As-tu jamais vu un négociant chercher à vendre sa marchandise sans la vanter?

VII. — Si de tomber sans se casser une jambe, tu appelles cela réussir..., oh! alors tu réussiras.

VIII. — L'avocat que tu auras choisi. — Il y a de bons cuisiniers qui, avec rien, font de bonne besogne et d'autres qui gâtent à plaisir les meilleures sauces.

IX. — Désagréable. — Dans la montagne, un daim qui voudra faire le chasseur.

X. — Un peu avant ton mariage, il te viendra sur les yeux une espèce de toile d'araignée qui te fera voir tout en rose.

TABLEAU Nº 46

I. — Un bel alezan pour atteler à un cab. — Je sais que tu désires en avoir un depuis que tu as entendu dire que le cab est une voiture où le supérieur qui est à l'extérieur ne voit ni l'antérieur ni le postérieur de son inférieur qui est à l'intérieur.

II. — Rien qu'en daignant être aimable !

III. — On dira que tu es mort adroitement, la veille des étrennes .

IV. — C'est ton caprice qui en décidera : à toi à fixer le jour de l'exécu - tion.

V. — Assise dans la forêt au pied d'un arbre, un paysan en recherche dans le fourré voisin demandera à ton mari s'il n'a pas vu son veau. — Je ne sais pourquoi, mais cela fera rire et jaser.

VI. — Tu es névrosiaque. Il faudra pour te calmer installer dans ton appartement un « orchestre-Limonaire », c'est souverain.

VII. — Tout dépend du savoir-faire !

VIII. — Si on ne pensait pas sérieusement à toi, ton futur beau-père aurait-il acheté un chapeau tout neuf pour venir te voir ?

IX. — Oui, si ton désir est de commencer par la mairie.

X. — Oui si on finit par t'inculquer quelques idées sérieuses.

TABLEAU Nº 47

I. — Si tu sais bien t'y prendre tu auras un ménage absolument enviable.

II. — Quand on est heureux en ménage on y est si bien que l'on emploie tous ses soins, à ce que cela dure à n'en plus finir; on veut toujours faire du *rabiot*.

III. — Si c'est une lettre de sermon de charité il faut y répondre et même joindre ton obole à la réponse.

IV. — Que tu as une façon si élégante de porter les costumes les plus ordinaires, qu'une simple gaze te suffirait.

V. — Veux-tu voir un homme heureux, pardonne!

VI. — Il y a des exemples de gens qui ont fait vingt-cinq ans de fers et qui vivaient encore!... On s'habitue à tout.

VII. — Oui, pour une dernière explication dont je n'augure rien de bon.

VIII. — Demande-moi donc tout simplement si tu te marieras bientôt? ce sera plus franc!

IX. — Très prochainement il parlera et demandera ta main.

X. — Si tu es ambitieux, souviens-toi qu'il vaut mieux être le premier dans un village que le dernier à Rome.

TABLEAU N° 48

I. — Superbe, par un beau temps de printemps! En revenant de l'enterrement tes amis distraits diront en se frottant les mains : cette petite promenade nous a fait du bien.

II. — Une carrière de moëllons... pour jeter à la tête de tes amis !

III. — Pourquoi ne te fierais-tu pas à celle-là?

IV. — Pas à ta couturière. Tu te plains toujours de ce qu'elle ne te fait pas une assez jolie taille...

V. — Épouse Lucie; elle sera si..... peu gênée avec toi qu'un jour, le divorce sera prononcé à ton profit; avec cette dot, au bout du temps légal marie-toi avec Marie.

VI. — Pour y arriver il faut : Manger du pain et du fromage, ne priser que dans les tabatières des autres, et quand il t'arrivera à l'improviste des hôtes affamés, leur faire gracieux visage et leur offrir... des sièges.

VII. — Voici sa silhouette, te plaît-il?...

VIII. — Non, si tu fais assurer sur la vie tes... espérances, ta mort arrivera avant l'héritage.

IX. — Il sera gris... le jour où il demandera ta main. Tout le monde s'en apercevra excepté toi.

X. — Pour que ta mère ne sache rien, ne recommence pas!

TABLEAU N° 49

I. — Les vacances sont toujours agréables, à moins d'aimer le paradoxe.

II. — Oui, si on parvient, ce qui cependant est bien facile, à faire valoir tous tes mérites.

III. — Dans les affaires d'intérêt, n'écoute que les vieux !

IV. — Tu es trop flemmard, je ne te le conseille pas !

V. — Oui, grâce au sommeil de tes juges.

VI. — Non, tu seras très heureux : Tu es myope, distrait, hurluberlu, confiant et crédule. On te dorlotera !..

VII. — Celui qui t'aime considère ta dot comme un pactole et ton cœur comme un trésor : les deux réunis font bien dans le paysage.

VIII. — Tu as dansé cinq quadrilles, à son nez, avec d'autres malgré son invitation première, accorde-lui la prochaine fois à lui seul toutes les valses et danses jusqu'au matin : il ne gloussera plus car il en aura plein le dos.

IX. — Bien venu qui apporte !

X. — C'est toute ta crainte !

TABLEAU N° 50

I. — Dès demain, si tu sais t'y prendre !

II. — Tâche d'arriver à ce résultat, tu seras d'une adresse rare.

III. — Pour cela, paie de mine : au tribunal ne sois pas humble ni intimidé.

IV. — Les cancanières du quartier surtout te regretteront en voyant partir la meilleure de leurs gazettes.

V. — Ne t'en tourmentes pas trop ; tu auras bien

ta part de bons moments dans ton existence qui sera assez mouvementée.

VI. — S'il désire que tu devienne laide pour lui ressembler, résiste de toutes tes forces.

VII. — Je ne sais pas, tu ne vois personne !

VIII. — Il y compte bien !

IX. — En ne paraissant pas t'occuper de lui le moins du monde.

X. — Si bon *piégeur* qu'il soit, il faudra bien que tôt ou tard il tombe dans tes filets.

TABLEAU N° 51

I. — Petite mutine, tu n'as qu'à contempler son air bête en ta présence pour être fixée à ce sujet.

II. — Oui, par ta parure !

III. — Étant devenu cul-de-jatte, tu te feras ajuster une petite voiture à roulettes : ton rêve sera donc réalisé puisque sur la fin de tes jours tu éclabousseras les passants.

IV. — Il avait l'air moqueur ! — Es-tu bien sûre de ton bon droit, tu as peut-être grand tort de repousser ses conseils.

V. — On dit que c'est toi qui seras rosière cette année. Si tu l'es, faudra-t-il s'en rapporter à ce que l'on aura dit ?...

VI. — Lieutenant de l'armée française.

VII. — il sera jaune, puisque tu ne pourras jamais épouser qu'un serin.

VIII. — Quand on parle de toi et cela arrive souvent, c'est pour citer la plus charmante personne qui existe.

IX. — Peu agréable ! Ce n'est pas étonnant du reste on désire toujours quelque chose que l'on ne peut avoir.

X. — Celle où, après une longue bouderie, tu te seras enfin réconciliée avec ton cher ami.

TABLEAU N° 52

I. — Qui, diable, veux-tu qui s'occupe de toi ?

II. — Consulte ta bourse, si tu as beaucoup d'argent, oui. — Cela pourra durer quelque temps.

III. — Oui, un bon profit moral. — Ayant pour une fois intenté un procès peu légal, tu auras des regrets et sortiras de la légalité pour rentrer dans le droit.

IV. — On dit que plus on bat un chien plus il est dévoué; essaye de ce principe-là avec ton mari! — Surtout quand il sera *chien!*

V. — On dit que tu en as beaucoup, surtout pour faire les confitures.

VI. — Plus le but est haut, plus on a de mal à y arriver, c'est comme au mât de cocagne.

VII. — Comme tu es difficile et que tu n'aimes que ce qui est vraiment beau, je préfère ne pas être celui qui tiendra le porte-monnaie.

VIII. — Le bruit court que tu n'as plus de sympathie pour lui; mieux que personne tu peux rassurer.

IX. — A la noce de tes arrière petits-fils ton mari et toi vous danserez encore comme deux tourtereaux.

X. — Si elle est chargée de te faire passer pour un homme de grande valeur : non, elle ne sera pas à hauteur de sa mission; elle n'y arrivera même jamais.

TABLEAU N° 53

I. — Etre vraiment distingué de sa personne est tellement difficile, surtout pour toi, que je ne te conseille pas d'essayer.

II. — Pour devenir riche, exploite la bêtise des autres : c'est le *fonds* qui manque le moins.

III. — Avoue-la de suite ; c'est le plus honnête et le seul moyen de se faire pardonner.

IV. — Regarde dans ta lune de miel ce que sera pour toi la lune rousse.

V. — Si tu te décides pour un vieux, prends-le très-vieux, pour que tu deviennes plus vite une veuve intéressante et consolable.

VI. — Faire tourner en bourrique tous les pauvres jeunes gens ; c'est bien là le rêve d'une fille d'Eve désireuse de manger des confitures avec une cuiller à pot.

VII. — Mange des fritures faites avec les poissons pris dans la rivière au-dessous de l'Hôpital (S. G. D. G.).

VIII. — Parbleu ! — N'y tenant plus, tu lui écriras !

IX. — L'oracle est muet, car, au train dont on y va, au couvent il ne restera bientôt plus que les mousquetaires. — Alors tu voudras peut-être y entrer ?

X. — Écouter un conseil ? Toi ? Ce serait bien la première fois de ta vie que tu ferais cela !

TABLEAU N° 54

I. — Recueille-là au phonographe, et cours chez le notaire et à l'enregistrement pour avoir date certaine.

II. — A faire un trou à la lune ?... Oui.

III. — Oui, on percera les cloisons avec des vrilles et on dira que ton mari n'achète pas ses chemises aux *Ciseaux d'Argent* : elles seraient plus blanches !...

IV. — A ce métier-là, il te passera bien desoies dans la main avant que la fortune n'arrive.

V. — Espérer, c'est te préparer une déception.

VI. — Si l'on vous écoutait tous les deux, ce serait pour aujourd'hui.

VII. — Tu ne seras pas sitôt divorcée que tu seras folle de ton mari.

VIII. — Oui en apparence, mais elle sera bien amoindrie quand elle arrivera à destination.

IX. — Si c'est d'un huissier que tu attends des nouvelles, ne te tranquillises pas de ne rien voir venir, tu ne perdras rien pour attendre.

X. — C'est précisément lorsque tu croiras avoir fait l'heureuse rencontre que tu désires, que ton père te rencontrera.

TABLEAU N° 55

I. — Toujours les idées de mariage ! — Eh bien, continue jusqu'à ce qu'on soit harassé ou vaincu ! — fais comme le joueur d'orgue de Barbarie disant : « Donnez-moi un sou ou je vous *mouds* un air !...

II. — Oui, en usant de ma recette, qui, j'en ai peur, n'est un secret pour personne : — Une bonne nourriture, du repos, pas de contrariétés !...

III. — Oui, ton concierge, la veille des étrenues...

IV. — Toujours, quand cet établissement ne gêne pas ceux qui vous aiment; le contraire porte malheur !

V. — Tu as le temps de me poser cette question, tu vois, elle ne marche pas en- core.

VI. — On t'en- terra avec tous les honneurs dus à une belle-mère.

VII. — Si tu mourais aujourd'hui, demain on ne parlerait plus de toi, que cela te console.

VIII. — Oui tu les feras, et l'Église sera trop petite pour contenir ta famille, si nombreuse.

IX. — N'oublie pas que les coqs ont besoin d'ailes et les poules besoin d'œufs ! donc il faut te marier : — Mais, pour cela il faut être deux !

X. — Au fond, je crois que les torts sont de ton côté; mais, quitte cet air farouche qui ne va pas à ton joli visage.

TABLEAU N° 56

I. — Garde-t'en bien! — Ainsi on dit que chez toi tout n'est que coquetterie, mais qu'au fond, tu mettrais plutôt à tes frais une tignasse neuve à sainte Catherine tant tu tiens à la coiffer.

II. — En t'y exerçant dès ton plus jeune âge, tu éviteras des expériences que l'on fait toujours à son détriment.

III. — Si jolie que sa beauté sera la pomme de discorde!

IV. — Celui ou tu pourras, enfin, crêper le chignon à la pauvre... en te mariant avec le merle blanc de tes rêves!

V. — Ils ne réussiront pas avec le chapeau noir, heureuse-ment pour toi. — Mais réus-siront-ils avec le chapeau blanc.

VI. — Si tu n'avais rien, et lui peu de chose, tu y regarderais toi-même à deux fois.

VII. — Chaque nouvelle année comme tu dois te dire avec raison : faut-il qu'il y ait sur terre une formidable collection d'imbé-ciles pour qu'une charmante jeune fille comme moi fasse encore tapisserie !

VIII. — Oui, à ton concierge.., la veille du jour de l'an.

IX. — Tu seras fonctionnaire toute ta vie, sans jamais craindre de perdre ta place, grâce au soin que tu auras toujours eu, au mo-ment du coup de balai, de t'être tourné du côté du manche.

X. — Non, jamais !

TABLEAU N° 57

I. — Non, car on étudie toute sa vie.

II. — Dans les affaires de sentiment., n'écoute que les jeunes !

III. — Heu ! Heu !!... tout de même.

IV. — Il sera blond ; une tête de veau à nez rouge ! Le blond n'est pas la couleur de l'homme vrai !

V. — Tu es inquiète, je comprends cela. — Il y a même de quoi !... Tranquillise-toi, il sera gardé pour cette fois mais ne t'expose plus.

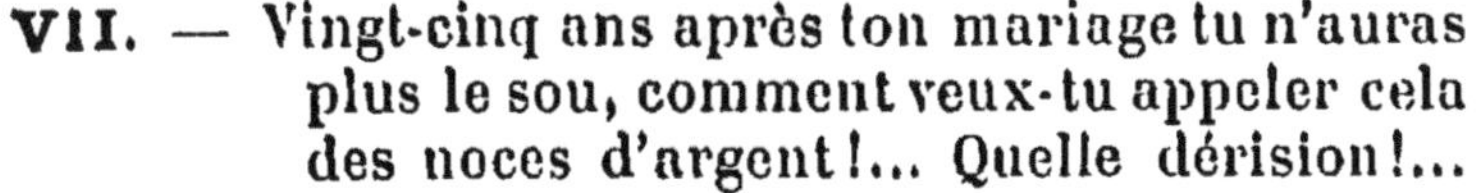

VI. — Espère toujours, et en attendant, scrute à gauche et à droite ; — qui n'entend qu'une cloche n'en-tend qu'un son : pour trouver un bon melon, il faut en flairer plusieurs !

VII. — Vingt-cinq ans après ton mariage tu n'auras plus le sou, comment veux-tu appeler cela des noces d'argent !... Quelle dérision !...

VIII. — Prends ton air le plus candide et raconte-la comme ayant été faite par une de tes amies (je suis sûr que c'est déjà fait).

IX. — Dis le prix qu'elle paie ses corsets ortho-pédiques !

X. — Tout lasse, tout passe.., tout casse !.

TABLEAU N° 58

I. — On ne lui dira rien ; — c'est toi-même qui lui avoueras tout.

II. — Hum ! — Tu es trop disposée à la placer !

III. — Tâche d'abord de t'en procurer, on verra ensuite, car, si tu en avais un milligramme tu ne ferais pas une question pareille.

IV. — Ton voisin t'a dit : « Vous êtes enviées toutes les deux ».

V. — Le bonhomme sera perclu de rhumatismes avant six mois. — Tu peux donc la laisser seule maîtresse du terrain !

VI. — Amazone chez Behanzin !

VII. — Deux beaux chevaux de selle, pour bien faire voir que malgré ce qu'on en dit, tu remplis bien ton amazone.

VIII. — Sara en a bien eu un à quatre-vingts ans, pourquoi n'en aurais-tu pas ? — S'ils se font trop attendre, va aux eaux, n'importe où... toutes sont bonnes.

IX. — Pour vivre longtemps il faut que tu t'arranges intelligemment pour ne pas mourir de bonne heure !

X. — Si c'est pour te payer une dette, je t'engage à répondre.

TABLEAU N° 59

I. — Quelle le soit ou non, la pauvre femme, les scènes à ce sujet ne lui manqueront pas!

II. — Moins on protestera, plus ce sera sincère : souvent un simple regard en dit long.

III. — Je te connais, coquin, tu voudrais bien pouvoir les prendre toutes les deux.

IV. — Il est vrai qu'il te dore un peu la pilule, mais qu'est-ce que cela peut te faire, puisque tu es disposée à l'avaler!

V. — Il n'y a que les huissiers, les avoués, les

avocats et autres vautours de la justice qui tirent profit d'un procès.

VI. — Que tu as tort d'acheter tant de chapeaux, ayant si peu de tête.

VII. — Pour réussir dans une carrière libérale, il faut être l'ami du neveu, du cousin, du concierge d'un ministre quelconque.

VIII. — Subir est bien le mot; et cependant, si elle était douce, affable, prévenante...? Je me suis laissé dire que dans toutes les règles, il y a au moins une exception...

IX. — Je ne sais au juste, mais prochainement tu feras une absence qui sera très commentée!

X. — Cela dépend dans quel sens! ..

TABLEAU N° 60

I. — En lui arrachant les yeux d'abord !

II. — Pour le bien de tous, tu perdras ta langue.

III. — Si tu n'as pas d'autre passion que celle de

taquiner le goujon, oui tu la conserveras.

IV. — A moins de le faire empailler, je ne prévois pas que tu le conserves longtemps !

V. — Seulement à la mairie et à la messe de mariage.

VI. — Le frottement des avocats t'aura enseigné qu'un homme en robe devient aussitôt femme bavarde, insolente, vaine, ridicule, bravache, et de plus... ce qu'un vilain singe est à une jolie femme.

VII. — On ne s'empresse généralement que vers un but qui vaut la peine ; si un oracle pouvait être méchant, il te dirait qu'on te prend par-dessus le marché !

VIII. — Il te manquera toujours trois liards pour faire un sou !

IX. — Reste modestement à ta place, sois sage, réservé, affectueux, actif et bon et tu deviendras un quasi personnage puisque tu ne ressembleras à presque personne.

X. — Oh oui ! mais avant la trentaine un jeune veuf très sémillant, ma foi, viendra te sortir de ta perplexité.

TABLEAU N° 61

I. — Ce serait jeter le manche après la cognée; tu es trop vaillante pour en arriver là!

II. — Tu es beaucoup trop avare. -- Tu ne donnerais pas seulement un sou à unpauvre.

III. — C'est ton originalité qui la rendra volage!

IV. — Un paquet de papier épispastique d'Albespeyres pour panser... ton vésicatoire.

V. — Mesure-toi avec Sullivan, le premier champion de boxe du monde et si tu le bats, c'est que tu seras fortifié physiquement.

VI. — Oui, tu feras ce jour-là l'inventaire des bonheurs et chagrins de ton mariage et tu reconnaîtras que c'est comme au jeu quand ou joue toujours avec la même personne, à la fin de l'année la caisse se balance.

VII. — On dira : les bons s'en vont, les mauvais restent.

VIII. — Oui, mais tu ne sauras pas t'en servir.

IX. — Quand tu t'en vas, c'est un soulagement.

X. — Celui où ayant fait un bel acte de dévouement ou de vertu rare, tu seras fier de toi.

TABLEAU N° 62

I. — Oui, un merle blanc qui sera celui de tes rêves.

II. — Si tu n'avais pas de rivale, tu ne serais pas la préférée.

III. — Tu n'as pas d'héritiers ; institue les pauvres tes légataires universels, et laisse à tes amis les yeux pour pleurer, au notaire de quoi l'indemniser, et à ses clercs, le trou de ta clef pour leur faire un sifflet.

IV. — Si tu veux être distingué, mange fort peu quand tu seras invité chez certains de tes amis.

V. — Méfie-toi ! — Un homme.. ça trompe !

VI. — Pour le rêve, le bleu, les châteaux en Espagne, prends le jeune. — Pour le pot-au-feu, la couturière, la modiste, etc. ; prends un vieux.

VII. — La Providence lui aura donné : vertu, sagesse, bonne conduite et quelques économies et elle aura conservé son petit capital.

VIII. — Non ! et la preuve, c'est que depuis six mois on t'a marié avec un pharmacien, un professeur et un épicier !...

IX. — Tu as tout ce qu'il faut pour cela : intelligence, volonté, instruction...

X. — Recette infaillible : — Aime de toutes tes forces.

TABLEAU N° 63

I. — Non ! — Un acte, est déterminé chez les hommes par le savoir, l'expérience, le génie... chez une jolie fille d'Eve comme toi, c'est simplement l'instinct, bien supérieur à tout.

II. — Si tu peux te contenir jusqu'au bout.

III. — Oui, mais seulement quand on ne t'a pas encore vue.

IV. — Du train où tu y vas, cela menace de durer longtemps. Au lieu d'un diplôme tu n'auras qu'un bonnet d'âne !

V. — Dans un jeu de société, on fera des vers ; dans ta préoccupation d'esprit, il t'échappera un petit bruit ; tu auras beau remuer ta chaise, tu n'en trouveras jamais la rime, alors on parlera de bruit de paix.

VI. — Aussitôt que tu veux en montrer en société pour personne tu n'en as plus : on craint la concurrence.

VII. — Celle où tu auras rêvé qu'on coupait la langue à ta belle-mère.

VIII. — Laisse-toi donc mourir tranquillement, va !

IX. — Pour une jeune femme, le but est la petite famille : — mais quand on a six enfants on fait déjà une laide grimace.

X. — Marie-toi jeune... si tu peux...

TABLEAU N° 64

I. — Plus fait douceur que violence, ne l'oublie pas.

II. — Il sera... auverpin !

III. — Tu auras un cheval et un landau que tu

vendras bien vite et pour peu d'argent je t'assure, surtout le cheval.

IV. — Tu es si rieuse que l'on ne peut penser à toi que rieusement !

V. — Tu arriveras au grade d'inspecteur honoraire des pavés de Paris.

VI. — Toujours celui qui sait pardonner à propos acquiert un ascendant énorme.

VII. — On fera des discours : un de tes amis, fin lettré, dira : N'étant pas orateur, permettez-moi de vous lire ma petite improvisation ! Puis, suffoqué... C'est un jour bien triste que celui où on enterre son ami... Adieu Paul... adieu... porte-toi bien...

VIII. — Si tu ne te maries pas, console-toi on te plaindra et on t'aimera.

IX. — Une réputation tient à bien peu de chose. Pour les uns tu es une femme de bien, pour les autres une femme de rien. — Un B ou un R.

X. — Pas au-delà de la moyenne.

TABLEAU N° 65

I. — Mon Dieu oui! — Tu as si peu de qualités et d'attraits que tu ne gênes personne.

II. — Non! surtout une potinière pareille; ou bien pour la faire taire, sois impertinente, et coupe-lui le sifflet.

III. — Tu avaleras par distraction une pièce de 5 francs en or; comme tu es économe, tu guetteras la sortie de la pièce et tu éprouveras une véritable déception en ne retrouvant plus que 4 fr. 50. Le reste sera... dissous (dix sous).

IV. — Le premier devoir d'une femme est d'être jolie.

V. — Des pièges, mais c'est ton affaire, tu passes ta jeunesse à en tendre!

VI. — Que la méchanceté des gens vous poussera tous deux à les exagérer encore.

VII. — L'oracle te l'assure : tu deviendras le mécène des beaux-arts et des lettres.

VIII. — Mets-toi au vert pendant quelque temps, tu m'en diras des nouvelles. Chacun sait où son bât le blesse.

IX. — Ta pauvre mère t'aime tant qu'elle deviendra sourde à ce moment-là et n'aura absolument rien entendu.

X. — Non, ce n'est pas vrai, puisque c'est d'une lettre impatiemment attendue que dépend ta destinée.

TABLEAU N° 66

I. — Avocat. — Tu prendras les intérêts de la veuve et le capital de l'orphelin.

II. — Cela dépend beaucoup de toi.

III. — Oh! ce n'est pas pour toi, c'est pour tante Ursule qu'il vient... il en raffole.

IV. — Tâche donc de régner d'abord sur un, c'est déjà beaucoup pour toi!

V. — Il paraissait trop fâché pour que cela dure bien longtemps.

VI. — Un mauvais conseil, — garde-le pour toi! — N'avouez jamais, a dit un criminel célèbre.

VII. — Non ce n'est qu'un talent de société.

VIII. — Vous avez autant de chance de vous revoir que le chiffonnier en a de trouver une perle, même avec sa lanterne.

IX. — Occupe-toi de ses vertus et non de sa taille.

X. — Après les noces de diamant, vous vous ennuierez tant que, à force de bâiller, vous vous dégonderez les mâchoires! — On viendra vous voir par curiosité.

TABLEAU N° 67

I. — Sept en cinq ans !

II, — Si joli, ma belle, que tu vois un agréable sourire sur la figure de tous ceux qui te regardent.

III. — Oui tu les feras tes noces d'or !... Mais alors dans la vie, ne regarde plus avant ou arme-toi de courage contemplé tes derrières... c'est ce qui te reste de mieux.

IV. — Quand il sera là, fais le thé avec de l'eau de Rubinat, et vous vous rencontrerez bientôt... Question de cabinet !...

V. — Des amis comme ceux-ci on les compte par douzaines.

VI. — Non : car au lieu d'agir, la personne que tu auras envoyée ne sera là que pour parler.

VII. — Non, parce que tu as voulu confier tes intérêts à un grand avocat de Paris.

VIII. — Voilà la seule entreprise où tu ne réussiras pas : « Faire de ton mari un aigle ! »

IX. — Dis-lui que tu n'as plus le sou, depuis Panama. Tu le verras se sauver !

X. — Il est prêt à tenter même l'impossible pour t'être agréable.

TABLEAU N° 68

I. — Ne pas confondre amis avec connaissances,
le pur louis d'or avec la pièce en plomb.

II. — Oui, tu les feras, mais un incident troublera la
fête. Au milieu du dîner ton mari se lèvera

et le verre en main dira : Eh bien vrai, je
ne voudrais vraiment pas recommencer.

III. — Si de raconter tes histoires, c'est faire des
cancans sur toi, oh ! alors oui on en fait
et on en fera encore.

IV. — Ne t'en réjouis pas, c'est partout que les
pierres sont dures.

V. — Tu n'y seras pas sitôt entré que tu en sortiras ; pas assez vite cependant pour n'y
pas laisser des plumes.

VI. — Réponds à sa lettre brûlante, en disant que
tu n'aimes que les bombes glacées.

VII. — Ton mariage est prochain et grâce à vos
qualités réunies, il sera si heureux, que
le plus tôt sera le mieux.

VIII. — Un bon contrat vaut mieux avec *donaison*
au plus vivant des deux !

IX. — En fait de mission, tu la chargeras de faire
la cuisine et comme tu te nourriras en
partie de pommes de terre frites et de
fromage il ne lui sera pas bien difficile
d'être à hauteur !

X — Vas aux eaux ! — Il en aura vite assez !

TABLEAU N° 69

I. — Quand on n'est pas dans l'opulence,
On doit renoncer aux plaisirs :
Un amant qui ne peut dépenser qu'en soupirs
N'est plus payé qu'en espérance!

II. — C'est probable, car tu aiguises toutes les mauvaises langues en affilant la tienne.

III. — Que tu devrais ne vrais ne porter à la chasse que des vêtements noirs, de crainte d'accident : de loin tu ressembles à un daim.

IV. — Un secret qui sera bien gardé quoique ardemment cherché par toutes tes amies, c'est ton secret de plaire.

V. — A quoi bon, puisqu'on semble t'éviter!

VI. — Choisis une femme douce, bonne, dévouée, active et sage, et tu l'aimeras tant, que jamais tu ne te demanderas si elle est jolie.

VII. — Je le crains, mais elle est à coup sûr beaucoup moins désirable que toi.

VIII. — Jeune fille, une fraîche rose, dans la vieillesse, peut-être, ce qui en est la graine.

IX. — Tu voudrais bien qu'il fût vrai ?

X. — Beaucoup, mais si tu ne veux pas te fâcher avec eux, ne leur emprunte jamais d'argent.

TABLEAU N° 70

I. — Prends une jolie femme, comme tu es laid, tu lui serviras de repoussoir : elle t'en saura gré.

II. — Réponds en lui envoyant une pelote de ficelle, pour joindre à sa collection.

III. — Si ce chagrin t'arrivait à toi, ce sont les hommes qui mériteraient de coiffer Sainte-Catherine.

IV. — Inventeur de boutons à cinq trous, éleveur de sangsues mécaniques, tourneur de mâts de cocagne en chambre, fabricant d'étuis en zinc pour cathédrales, tu n'auras que l'embarras du choix.

V. — Sois franche, il ne demande que cela !

VI. — Horripilantes, si on te contrarie dans le moindre de tes caprices.

VII. — Marie-toi une fois pour essayer, mais pas deux. Sans cela, quand tu te présenteras là haut, Saint-Pierre te répondrait : « Retire-toi... le paradis n'est pas fait pour les imbéciles. »

VIII. — Au moment décisif, entrebaille la porte et fais voir, seulement, ton joli minois; le succès est certain.

IX. — Une fois lâchés, vous êtes si laids tous les deux, que vous gagnerez à ne plus vous voir.

X. — Oui, si tu suis ce conseil : — N'aime que le beau et le bien.

TABLEAU No 71

I. — N'en fais pas, laisse le libre cours des choses tu seras moins embarrassé.

II. — D'autres l'atteindront peut-être avant toi, cela se voit tous les jours.

III. — Si tu y tiens, fais-toi cultivateur, si tu es propriétaire de tes champs tu ne relèveras ainsi que de Dieu et lu percepteur.

IV. — C'est lui qui a tort, ne cèdes pas, tiens bon ; du côté de la jupe est la toute puissance.

V. — Oh oui ! car dans le contrat de mariage vous vous ferez une donation réciproque au dernier vivant des deux : — Et alors, c'est à qui ne voudra pas lâcher le bon bout.

VI. — Tu fais tout ce que tu peux pour cela !

VII. — Pour être heureux en ménage, il faut que ta femme t'estime autant qu'elle t'aime.

VIII. — Oui, on t'en fera un très piquant et que ton mari sera bien aise de trouver dès le lenmain de ses noces ! — Une boîte de sinapismes rigollot ! — Cela lui servira pour guérir son lombago.

IX. — Oui, mais cela te portera bonheur ! — Tout de suite après, tu trouveras chaussure à ton pied.

X. — Ton mari n'attendra pas vingt-cinq ans pour faire des noces ou l'argent figurera dans une large mesure.

TABLEAU Nᵒ 72

I. — On en rira ; tu as le bon droit de ton côté !

II. — Tes succès en ce genre ne font doute pour personne ; mais ceux sur qui tu régneras aspireront peut-être bientôt après les libertés... et voudront renverser le gouvernement.

III. — Pour cela, suis de près un homme intelligent et adroit. — Comme au billard, toujours jouer avec plus fort que soi, pour apprendre.

IV. — Non ! c'est la dot qui t'emballera.

V. — Oui à table où elle ne te cèdera en quoi que ce soit !

VI. — Oui, si tu es imprudente, vaine dans tes actions, oublieuse des convenances et... belle !

VII. — Si tu n'avais ni cœur, ni estomac, ni nerfs, tu ne serais jamais malade.

VIII. — Gagne d'abord de quoi vivre.

IX. — Oui, tu seras obligée de la subir, mais quand tu seras à bout de forces, mets un peu de dynamite dans son Eguisier... pour ne pas la défigurer.

X. — On dit que pour ménager le tien, tu gaspilles celui des autres.

TABLEAU N° 73

I. — Si on pouvait lire dans ton esprit, jamais personnage n'irait à la cheville de celui qu'on y verrait.

II. — Ne t'occupes pas de cela : quand on est amoureux il ne faut pas perdre son temps en paroles.

III. — Mahomet avait dit à ses disciples, que la montagne sur sa demande viendrait d'elle-même à ses pieds ; comme elle ne venait pas du tout il dit : « Eh bien, allons la trouver ! » Fais comme cela et tu auras des nouvelles.

IV. — Il vient pour te voir une fois de plus ; tu le sais mieux que personne.

V. — Non, il y a longtemps que tu es dans la boîte aux oublis !

VI. — Un peu plus d'attention de ta part aurait épargné ce froissement d'amour-propre.

VII. — Écoute les, mais ne les suis pas !

VIII. — Si tu veux être heureux
Laisse ta femme à Béthune
Et habite à Périgueux !

IX. — Qu'elle est au dessus de ta condition.

X. — Tôt ou tard : — ils sont soumis aux vicissitudes ordinaires de la vie.

TABLEAU N° 74

I. — Il en court beaucoup... On dit que ton futur court la prétentaine? — Son affection est en baisse, c'est le cours d'aujourd'hui.

II. — Mais tu ne demandes que cela!

III. — Rappelle-toi ces vieux vers à la bergamote :
Belle Phylis, on désespère
Alors qu'on espère toujours!

IV. — Seulement quand tu as toi-même quelque chose à te faire pardonner. — Les bons comptes font les bons amis.

V. — Oui beaucoup.

VI. — Ne lui en fournis jamais les oc casions.

VII. — Celui où pour la première fois, ton cher bébé aura dit *ma-man!*

VIII. — Ne te marie pas à la légère et tu ne divorceras pas.

IX. — Veux-tu qu'on te regrette beaucoup? Sois généreux, humain, oublieux des injures, serviable à tous sans espérer de reconnaissance. Il est vrai que tu les vaudras, les regrets!

X. — La gaîté est la santé du corps, l'excès n'en a jamais été nuisible; usez de ce fortifiant.

TABLEAU N° 75

I. — Pourquoi te regretterait-on?
As-tu fait quelque chose pour cela?

II. — Oui, tu es si parfaite en tous points et il t'aime tant que s'il tardait un peu ce ne serait que pour gagner les cinq sous pour monter le ménage.

III. — Elle sera grande d'esprit et petite de taille.

IV. — Tu sais qu'il a la haine d'écri - re, mé- fie t'en.

V. — Il arrivera un inci- dent : au tournant d'une rue étroite ton cocher de pompes funèbres traitera un cocher d'omnibus de cocher d'indigents, et celui-ci lui répondra : va donc trimballeur de refroidis.
Tes cendres seront vexées.

VI. — On affirme que sur ton dos, les fourrures ne sont qu'une peau qui change de bête! Ce sont tes plus méchantes amies qui disent cela.

VII. — Polissez-le sans cesse et le repolissez... (avec de la crème Simon).

VIII. — N'y comptes pas!

IX. — Cela t'ira comme une bague à un chat.

X. — Ton tempérament te prédispose aux rhumatismes et à la goutte : suis à ce sujet, les conseils du docteur Lartigue.

TABLEAU N° 76

I. — Lis dans les yeux de la personne que tu aimes, les yeux sont le miroir du cœur.

II. — Oui, si tu ne marchais pas comme une poule le long d'une perche !

III. — Oui, mais les amis sont comme les melons, il faut en tâter pas mal pour en trouver un bon.

IV. — Non ! on écoute et on juge en écartant les vains propos : qui n'entend qu'une cloche n'entend qu'un son, mais qui habite un carillon devient sourd.

V. — Tu as une tête à cela, -- sois philosophe.

VI. — Quoi qu'il arrive, tu iras du côté de l'argent ?

VII. — Oui dans les nouveautés — seulement quand tu vendras des mouchoirs de poche, évite de dire selon l'usage... et avec cela madame ?... car on te répondrait : Eh bien, avec cela, je me moucherai, imbécile !!

VIII. — A la frontière, les douaniers après la déclaration de ton mari, voudront te fouiller pour voir si tu ne passes pas d'autres cornichons avec toi.

IX. — Oui, très beau et très triste, on pleurera sincèrement !

X. — Pour une dame de cinquante ans, le but c'est de faire croire qu'elle n'a jamais été dix ans en nourrice.

TABLEAU N° 77

I. — Non, on trouve ton père et ta mère trop jeunes.

II. — L'argent ne fait pas le bonheur, mais il l'assure.

III. — Celle où pour la première fois tu chanteras

dans le monde.

IV. — Que si tu avais un tant soit petit peu de modestie, tu ne poserais pas toi-même une semblable question.

V. — Si tu donnes à tous tes amis, les parts seront petites, bien que ta fortune soit respectable.

VI. — Oui, et sans y laisser beaucoup de regrets.

VII. — Il sera un vrai terre-neuve; si tu tombes dans la rivière, il te sauvera : — mais tâche que ce soit au mois de juin, car en janvier, ça pourrait être différent.

VIII. — Pour être assurée qu'on te prise plus que ta fortune, épouse plus riche que toi.

IX. — Tu me poseras cette question quand tu seras dans le malheur.

X. — Naître, aimer, souffrir et mourir, c'est le lot de beaucoup de femmes.

TABLEAU Nº 78

I. — Une jeune fille doit toujours conserver son capital ; son avenir en dépend. — Pour ne pas entamer son avoir, au lieu d'entrer à la Comédie ce qui coûte cher, on s'arrête aux bagatelles de la Porte !...

II. — Il ne faut jamais faire parler de soi.

III. — Prendre la lune avec ses dents, se mordre le menton, se crever l'œil avec son bec... sont des entreprises difficiles que tu devras éviter.

IV. — Tirer profit d'un procès ! en voilà une naïveté !

V. — Tu es renommée surtout comme cuisinière et notamment pour les potages... illustrés.

VI. — Non ! — Toi seule et c'est assez ! Presque trop même !

VII. — Le monde est la foire aux vanités ; lorsqu'on y est, ne pas faire trop d'emplettes de ce qui s'y débite, car lorsque l'on abandonne la partie ce qui en reste n'est que marchandise ridicule.

VIII. — Vas habiter Nanterre, tu te marieras pour sûr l'an prochain ; on manque de candidates.

IX. — Ruine-toi une fois, et si la fortune vient encore te trouver, tu la ficelleras de si belle façon qu'elle ne pourra se dépêtrer.

X. — Quand ta femme sera contente tu le seras aussi, tu seras donc un mari heureux.

TABLEAU N° 79

I. — Probablement, mais tu auras plus de chagrin de la mort de ceux dont tu hériteras que de bonheur de leur héritage.

II. — Suis ce conseil d'un vieux médecin ; « Ayez le corps libre ! » (Eau de Rubinat, « la tête fraiche et les pieds chauds » (poudre de Rigollot) « avec adjonction de proto-scarpinate de gendarmium et d'hypocrite de sourde pour les pieds ».

III. — Ne demande pas cela, tes voisins en riraient !

IV. — Ta question, n'est pas celle d'un esprit sérieux ; dans la vie, il n'y a pas que les chevaux à *panser* ?

V. — Hélas oui ! — Étant soldat tu seras blessé à l'œil par le clyso d'un infirmier et, peu chanceux, tu ne seras pas décoré pour cela.

VI. — Tu aimes trop la grande vie pour vivre longtemps.

VII. — C'est si peu de chose, qu'il n'y a pas de quoi fouetter un chat.

VIII. — Beaucoup trop : — une femme ne doit jamais faire parler d'elle !

IX. — La jalousie est pour beaucoup et son violon aussi.

X. — Dame ! deux trésors valent mieux qu'un.

TABLEAU N° 80

I. — Non, on se trouve dans le cas de la vieille bonne femme qui faisait voir toutes sortes de belles choses pour un sou et qui brûlait quatre sous de chandelle.

II. — Toutes les femmes sont volages mets la tienne sous globe.

III. — En n'attaquant jamais son amour propre Ces blessures-la sont les plus difficiles à cicatriser.

IV. — En lui faisant cadeau devant le préféré, d'un pot de crème Simon, et en disant tout haut l'adresse de son marchand de cheveux.

V. — Ton signalement fait par ton amie : — des cheveux en filasse, un front de chien, des yeux en boule de loto, un nez en pied de marmite, pour bouche : une boîte aux lettres, pour dents : des dièzes de clavecin.

VI. — Ce n'est pas celui où tu sembleras t'amuser le plus.

VII. — Tu deviendras ambassadeur de... commerce pour faire entendre ta voix au grand Concert Européen.

VIII. — Fais bien et laisse dire !

IX. — C'est le secret de Polichinelle.

X. — Tu hériteras du cheval de ton oncle le vieux garçon, mais tu seras obligé de t'en défaire parce qu'en montant la rue Bréda il s'arrêtera à toutes les portes.

TABLEAU N° 81

I. — Sur plusieurs cœurs!... c'est bien de la complication; il est déjà assez difficile d'établir son empire sur un seul; aller plus loin, c'est l'anarchie.

II. — Pauvre comme Job, libre comme l'air, hardi comme un chien, heureux comme un roi!

III. — Si tu pouvais entrer dans un couvent d'hommes je ne dis pas non!

IV. — Il est plus difficile de la conserver que de l'acquérir; en acquérant on ne compte qu'avec ses qualités personnelles, en conservant il faut lutter contre tous les vices des autres.

V. — Comme il n'y a rien de grave, tu seras punie suivant ton âge : — à 6 ans, le fouet, — à 15 ans, de gros yeux, — à 30 ans, un baiser.

VI. — En faisant apprécier discrètement toutes tes qualités.

VII. — Oui, pendant les absences de ton mari!

VIII. — Il y a longtemps que tu en as fait un mauvais placement.

IX. — Tu oublies facilement de faire les visites obligatoires.

X. — Du bruit, du vide et du vent, voila, ami, le talent de beaucoup de gens!

TABLEAU N° 82

I. — Pour cela, délaisse un peu les si bonnes recettes de la « cuisinière Durandeau » (en vente chez tous les libraires) et fais comme les saints qui vivaient de pain de hanneton et d'une racine sauvage.

II. — Pourquoi ? tous les torts sont de ton côté.

III. — Cela dépend de toi !

IV. — Pas de protestations, de l'action : — toi tu protesteras après !

V. — Oui !... Pour plumer les oies.

VI. — Il ne sera ni l'un ni l'autre, mais marron, et courtier : — il te fera connaître le chemin de Bruxelles.

VII. — Dresse ton chien à l'aboyer, il ne demandera pas mieux, mais pas à la mordre il en périrait.

VIII. — Je n'en sais rien, mais ce que je puis t'affirmer, après avoir examiné toutes les faces de ton invidualité, c'est que tu n'auras jamais de bosses.

IX. — En prenant pour guide le blason de Gaudissart, le fameux voyageur ! « Beaucoup de gueules sur peu d'or. »

X. — Bruit qui court est mensonge ou calomnie.

TABLEAU N° 83

I. — Tu veux quitter le pays? — Alors adieu souvenirs d'enfance, bons parents, vieux amis, tout ce qui t'a gâté et chéri : il est vrai que l'affection remonte et ne descend pas.

II. — Non! mais ce sera bien juste!

III. — Parbleu! il n'y a pas besoin d'être bachelier ès lettres pour cela!

IV. — Si tu réponds, adieu Prudence!

V. — Tu m'as dit le motif de la brouille, mais c'est si compliqué que l'oracle répond : débrouille-toi toi-même.

VI. — Suis les conseils du médecin, varie tes occupations, et surtout n'aie pas tant l'amour en tête.

VII. — Il vient pour t'offrir une promenade à la... ménagerie : — envoie-le à l'ours.

VIII. — Assurément, car tu possèdes une des qualités les plus brillantes et les plus rares, l'esprit; — peut-être ne t'aimera-t-on pas, mais dans le monde on te craindra.

IX. — Oh! oui, celle qui t'aime.

X. — Oui, mais il pourrait bien se faire que tu fusses appelée à les rendre.

TABLEAU N° 84

I. — Il t'en arrivera beaucoup si tu en cherches l'occasion !

II. — Tu les crains donc ?

III. — La véritable distinction consiste à être meilleur que tous les autres ; à moitié bon, on vous distingue déjà.

IV. — Pas de nouvelles, est mauvais signe ; un homme aimant écrira plutôt dix fois qu'une, quitte même à n'écrire que des niaiseries, qui seront paroles de l'Évangile.

V. — Elle t'apportera prochainement en souriant une tortue sur un plat. Ce sera une façon de te dire que tu es long à te promener.

VI. — On dit, que sans ta couturière, tu n'en mènerais pas si large...

VII. — S'il désire se marier tout de suite, accepte gaîment.

VIII. — Peut-être, mais pour cela il faut : du numéraire, un fort lot de travail et de conduite, couci couça d'intelligence et un grain d'honnêteté !... mais pas trop gros.

IX. — Plus belle que tu ne le mérites.

X. — Comme tu as des enfants pleins d'esprit, on dira que le moule est défunt et que c'est dommage.

TABLEAU No 85

I. — Consulte avant de prendre un parti, ce qui est dit à ce sujet dans le livre du savant docteur Rabelais.

II. — L'oracle dit que la réponse n'est pas faite pour toi : « La sauce fait passer le poisson ».

III. — Oui… mais je ne te conseille pas de lui crêper le chignon.

IV. — Oh oui, si elle parvient à indiquer tous tes défauts, elle aura fait un travail d'Hercule.

V. — On t'a assuré qu'un verre d'eau donné ici-bas recevra sa récompense la-haut ! toi, pas bête, tu t'administreras toute ta vie de grands verres d'excellent vin — juge de l'abondance que cela te vaudra plus tard.

VI. — D'abord, songer à sa brave compagne, assurer son avenir; ensuite à ses enfants, et laisser généreusement : à ses domestiques l'exemple du foyer et aux bonnes sœurs le souvenir de ses vertus.

VII. — On prétend que tu fais faire des traines si longues à tes robes, qu'il ne reste plus d'étoffe pour le corsage.

VIII. — S'il t'aime bien ! Le dévouement n'est qu'une simple conséquence de l'affection.

IX. — Oui, et il vaut mieux s'établir plus tard que plus tôt, quand l'expérience est venue !

X. — Non ! tu commenceras seulement les études de la vie.

TABLEAU N° 86

I. — Si des deux côtés on y met de la bonne volonté et de la loyauté, le succès est certain.

II. — Par ton ordre et tes autres bonnes qualités tu arriveras à posséder une belle fortune.

III. — Oui, il suffit de regarder l'opposé de ta façade pour constater que tu es né pour le rond de cuir.

IV. — Agréables : un frère revenant le panier chargé de poisson et la gibecière remplie de bon gibier pas acheté à la halle.

V. — Ta vieille bonne dira : mon pauvre Monsieur il était si doux... Il n'a fait ni *couic*, ni *couac*!!

VI. — On croit si facilement ce que l'on désire !

VII. — L'eau va toujours à la rivière ; tu épouseras

Lucie, ce qui ne t'empêchera pas, tout en la conduisant à l'autel de regretter Marie !

VIII. — Il n'y a de maris malheureux que ceux qui ne savent pas se plier aux caprices de leurs femmes.

IX. — Que veux-tu qu'on dise de plus ? — Allons ne rougis pas.

X. — Oui, parce que tu es un grand cœur, et que tu as tout ce qu'il faut pour plaire.

TABLEAU Nº 87

I. — Laquelle?

II. — Que tu as tort de porter des complets aussi jaunes !

III. — On ne peut éviter les cancans ; comme les champignons, là où il en a poussé un il en poussera mille.

IV. — Celle ou jeune, tu reviendras pour la première fois chez toi en cognant ton front aux étoiles.

V. — Oui, mais cela ne servira à rien.— Comment veux-tu, qu'avec cet accoutrement il te reconnaisse !

VI. — Pas même dans les entreprises de déménagement à la cloche de bois.

VII. — Le jour de ton enterrement on fera une petite noce qui sera assez gaie. — A la fin du repas qui n'aura pas été triste du tout, on regrettera seulement que tu ne sois pas là pour chanter ta petite chanson.

VIII. — Oui, tu te marieras avec un militaire... Ils sont plus braves que les autres.

IX. — Oui, mais tu seras forcée, ce jour-là, de renoncer à la fiction que tu as si bien propagée : tu sais, les six ans de ton âge que tu laissais dans les limbes !...

X. — Penser au divorce avant de se marier, c'est se poser un problème qu'on se croit apte à résoudre.

TABLEAU N° 88

I. — Comme tout le monde, il faut que chacun remonte son horloge !

II. — Tu as déjà hérité de tous les dons heureux de ceux qui t'aiment.

III. — Pour toi oui, mais pas pour les autres.

IV. — Pour arriver à ce but, mettre progressivement : moins d'épices dans les mets, de l'eau dans son vin, une petite douche dans ses effusions ; et même, près d'arriver à l'étape, remplacer l'effusion par la douche.

V. — Oui, si tu veux en éviter un plus sérieux que les autres, le conseil judiciaire !

VI. — Tu deviendras homme de lettres. Après avoir fait paraître un traité sur la myopie des punaises, tu obtiendras  une place de facteur, alors tu seras vraiment homme de lettres.

VII. — Agis, comme si cela ne devait jamais arriver.

VIII. — A tous, même à ta belle mère ; c'est ton plus bel éloge.

IX. — En toutes choses, il faut considérer la fin ! Que ce proverbe te serve de guide.

X. — Entre les deux, mais jolie à croquer.

TABLEAU N° 89

I. — Oui; et tes enfants et petits enfants seront autour de toi affectueux et serrés comme le lierre vivace autour du vieux chêne majestueux.

II. — Pour éviter de l'être, épouse une femme nonagénaire.

III. — Trop longtemps, pour certains.

IV. — Que tu en feras aussi de ton côté jusqu'à ce qu'il n'y ait plus d'arrangement possible.

V. — Oui, c'est une étoile du café-concert.

VI. — Comme il était furieux il a dit qu'il allait voir... l'autre. — L'autre c'est ta mère à qui il a dit de toi pis que pendre : une fois soulagé il est revenu au coin de la porte, comme un pauvre chien, — c'est l'instant de sortir.

VII. — Tu y arriveras par la culture intensive; il faut semer beaucoup pour récolter peu et quelques fois, il ne pousse que des carottes.

VIII. — Raccommodeuse des bas de ton mari et cuisinière émule de madame Durandeau, tu feras le bonheur de ton conjoint.

IX. — N'y compte pas de sitôt !

X. — Oui, quitte-le, lance-toi... avec de l'adresse, de la ténacité et des bons doigts crochus.... tu verras qu'à la fin, pierre qui roule amasse mousse.

TABLEAU Nº 80

I. — Il ne sait que résoudre ; on t'a embarquée dans un procès qui menace ta fortune : il y a de quoi le faire réfléchir.

II. — Il vient peut être pour consulter notre baromètre ?

III. — Non, si elle fait des croix au beurre : — Elle sera hargneuse sans motifs, bavarde comme une pie, roublarde comme trois pelotes de ficelle.

IV. — Si tu choisis un vieux, sa grande fortune seule t'aura tenté.

V. — Toi, oui, mais avec un troisième mari.

VI. — Elle s'en doute bien !

VII. — Une femme peut se montrer indifférente pour celui qu'elle aime en secret !

VIII. — Sa durée ne sera pas extraordinaire, il n'y

a que le temps qui sera long pour... ton mari. — Oh ! le pauvre homme !...

IX. — Oui, — pour cela, se joindre avec de la graisse de héron !

X. — Bien qu'il en soit question cette année, il n'aura lieu que l'an prochain, si d'ici là rien ne casse !...

TABLEAU N° 91

I. — Tu mourras de consomption, — on dira que c'est une perte sèche pour ta famille.

II. — Oui à moins, ce qui est rare, de s'être rendu inoubliable par tes travers : — de loin toutefois, ceux-ci s'estompent et les qualités seules restent en relief.

III. — Beaucoup, mais pas celle que tu désires.

IV. — Avoir une rivale! mais c'est le rêve d'une femme intelligente...

V. — Oh non! tu peux être tranquille, une femme volage c'est une femme légère et la tienne ne le sera pas du tout. — Vois plutôt!

VI. — Celle, ou au bal, tu auras réussi, jusqu'au matin, à rendre toutes tes amies folles de jalousie.

VII. — La preuve que ce n'est pas vrai, c'est qu'un mort ne peut inviter à son enterrement.

VIII. — Si elle ne t'engage à rien, tu peux t'y fier jusqu'à preuve du contraire.

IX. — Dans ta famille on te soutiendra, hors d'elle tu soutiendras les autres.

X. — Quand tu auras passé par le mariage, tu verras qu'il n'y a pas de quoi rire.

TABLEAU N° 92

I. — Si tu avais goûté du mariage, tu n'en voudrais peut être plus.

II. — S'il reste chez lui, et toi chez toi, vous n'avez guère de chances de vous rencontrer.

III. — Si tu divorçais, tes enfants ne te pardonneraient jamais ton égoïsme.

IV. — C'est pour la forme que tu demandes des conseils, car on verrait plutôt un serpent jouer de la flûte que toi en suivre un seul.

V. — On est fier de la dot de sa femme, pour les autres ; on est fier de sa femme pour soi !

VI. — Tout de même mais vraiment ce ne sera pas sans peine.

VII. — Selon le vent qu'il fera, tu navigueras.

VIII. — Tu vivras longtemps ; en t'assurant sur la vie, en vendant ton bien en rentes viagères, si avec beaucoup de gaîté tu as su savoir vivre, ou si on t'apprend à vivre.

IX. — Cela dépend de toi !

X. — En devenant puce maigre... rien ne mord si fort.

TABLEAU N° 93

I. — Assurément et fonctionnaire très-actif, tu passes tes jours à te battre les flancs.

II. — Ton char funèbre sera semé de larmes de crocodile et couvert de fleurs en fil de fer ; on portera tes croix de l'ordre de l'éléphant blanc et de la carotte agricole.

III. — Oui, en économisant sur ton mari !

IV. — Je me le suis toujours demandé à propos de toi, sans jamais pouvoir conclure !

V. — Tu t'y exposes beaucoup, surtout avec ta nouvelle amie.

VI. — La vie en est semée.

VII. — Connaissant tes penchants, l'oracle te prédit un usage de soupers fins, de parties carrées de dames en rond, et patati, etc., et Tata qui t'aidera à faire de tes écus le meilleur usage possible.

VIII. — Montre-toi devant lui, douce, bien élevée, bonne ménagère, économe, travailleuse, etc, (garde-toi bien de jouer du piano)... et si tu n'as pas réussi de suite à le charmer... c'est que tu auras laissé passer le petit bout de l'oreille.

IX. — Tu en as donc fait une ? — Oh !!

X. — Ne sors pas des affections de famille, ainsi en cas d'accident, marie-toi avec la sœur de ta veuve.

TABLEAU N° 94

I. — Son repentir est si sincère que je t'y engage !

II. — Trop jolie : tu seras fier de la conduire dans le monde, où, comme le marchand d'esclaves, tu présenteras partout ta belle femme jusqu'à ce qu'on te la prenne.

III. — Oui, comme les petites pies dans leur nid ; aussitôt le duvet poussé elles regardent au loin où elles iraient bien jacasser !

IV. — Remède héroïque : Si ton corps se déforme et se courbe, avale une queue de billard.

V. — Si c'est la menace d'un procès, évite-le à tout prix.

VI. — On dit, qu'il en existe beaucoup entre la la fortune et les grâces; de ces Déesses, l'une est montée sur une roue, pour l'avoir il faut être *roué* : l'autre est à pied, l'a qui veut, et les sots se cassent les reins à courir après la première.

VII. — Le pain te viendra quand tu n'auras plus de dents.

VIII. — La carrière que tu embrasseras, n'en sera pas plus fière pour autant !

IX. — Les plus courtes brouilles, sont les moins mauvaises.

X. — Extrêmement agréables, surtout si tu rencontres la personne en question.

TABLEAU N° 95

I. — Pour cela, il faut changer de conduite.

II. — Accepter avec résignation la volonté de la Providence, c'est régler soi-même son bonheur.

III. — Quand tu étais enfant tu t'es trop souvent fourré les pieds dans ton nez, cela nuit à ton physique cependant grand nez n'a jamais gâté beau visage !

IV. — De ton cousin le serrurier : — il te laissera beaucoup de serrures et de *pennes*.

V. — Tu pourras la coiffer trois fois et à soixante-quinze ans tu n'auras pas encore perdu l'espoir de te marier.

VI. — On ne brille que par l'estime que l'on inspire ; tous autres succès sont malsains et amers.

VII. — Si c'est pour t'emprunter quelque chose, ne réponds pas.

VIII. — Il sera si chauve que sa tête sera comme un genou : — Bien malin qui pourrait distinguer la nuance de ses cheveux.

IX. — Bouche-toi les oreilles, et ouvre ton cœur !

X. — Sans ta belle-mère, tu serais bien à plaindre.

TABLEAU N° 96

I. — C'est bien grave!... Hum! hum!

II. — Tu te laisses endoctriner! Belles paroles n'apaisent pas la faim!

III. — Certes je te crois! — Ton futur, une fois ton mari, cessera par affection pour toi de fumer la pipe, si tu as soin de l'entretenir de bons cigares! Voilà je pense du vrai dévouement!

IV. — Dame, je ne te cacherai pas que sous le rapport du malheur, je te vois bien partagé.

V. — Pas dans toutes tes entreprises, tu n'es pas assez Adonis pour cela!

VI. — Si tu veux, mais ne les prolonge pas tant!

VII. — Rester cinquante ans ensemble!... Tu n'en est pas capable.

VIII. — Fais tout ton possible pour réussir, un sou quand il est assuré vaut mieux que cinq en espérance.

IX. — Si ton père ouvrait un peu plus sa bourse ce serait vite fait.

X. — Non; à cause de tes habitudes inciviles: Rappelle-toi donc qu'il ne faut jamais se mettre le doigt dans l'œil, encore moins dans celui des autres!

TABLEAU N: 97

I. — Celle où tu coucheras dans un lit sans punaises.

II. — Trop! — Il en faut peu, mais triés sur le
volet.

III. — Oui!... d'un oncle d'Amérique. Il te laissera
le souvenir de sa réputation de pingre.

iV. — Plus beau que si c'était toi qui le paye.

V. — Dans vingt et un mois jour
pour jour, tu auras deux
bébés d'un an sembla-
bles à ceux-ci.

VI. — Des beaux chevaux de bois
à queue de sirène!... Tu
gagneras avec eux beau-
coup d'argent, surtout avec le produit du
crotin. A la ferme de Grignon on le préfère
au fumier d'alouettes.

VII. — Non... En ce moment surtout, tu n'y tiens
pas tant que çà.

VIII. — Ne forcez pas votre talent, vous ne feriez
rien avec grâce.

IX. — Laisse-les se prolonger quelque temps avant
d'y croire.

X. — Puisque tu auras fait tes noces d'argent
autant continuer; tu sais, un âne ne se
rebiffe que quand on veut lui passer le
licol; une fois harnaché il va tout de
même...

TABLEAU N° 98

I. — Lucie est riche, c'est donc l'avenir assuré pour toi et tes enfants futurs, la paix du ménage, le repos dans la vieillesse; prends-la.

II. — On dira que tu as eu une riche idée.

III. — Tu es né pour cela, mais tu changeras plusieurs fois d'industrie : — Jeune, tu vendras des liquides, à l'âge mûr de la mercerie, vieux tu feras dans les draps.

IV. — Tout s'arrangera !

V. — Tranquilise-toi, il est aussi pressé que toi d'en finir.

VI. — Aurais-tu éprouvé un chagrin inconsolable! Cela se passera avec le temps. — Il y a toujours place pour une affection nouvelle dans le cœur d'une femme!

VII. — Si minuscule soit-elle, il y en aura toujours assez pour te faire damner.

VIII. — En n'y faisant pas attention.

IX. — Si chacun avait les yeux de ton Adonis, ton visage serait joli pour tous.

X. — Pour l'usage que tu en fais, autant la perdre! Ce serait d'abord un souci de moins pour toi!

TABLEAU N° 99

I. — Je ne te le souhaite pas; en dehors de la large aisance il n'y a que soucis et préoccupations, on devient l'esclave de sa fortune.

II. — Grotesque, oui !

III. — Oui, quand tu seras bouchère !

IV. — Ce sera une vraie corne d'abondance ; quand tu seras marié cela s'accroîtra encore.

V. — Oui, si ton cœur est plein de dévouement.

VI. — Tu te distingues des autres surtout par le nez.

VII. — Tu vaux mieux que ta réputation. En bien comme en mal !

VIII. — Celui où tu auras eu ton premier bébé... en carton comme cadeau de Noël.

IX. — Il t'arrivera étant très timide de faire visite à ton oncle et à ta tante : tu écraseras par mégarde la queue du chien, toute confuse tu t'assoieras sur le genou de ton oncle qui a la goutte ! En l'entendant crier tu sauveras en renversant la console avec les porcelaines ; tu bousculeras la table et l'encrier, tu épongeras la tache d'encre avec ton mouchoir et toute en sueur tu t'essuieras la figure avec, ce qui te fera ressembler à une des femmes de Béhanzin.

X. — Si tes revendications sont justes, loyales, tu vaincras surtout si le temps est beau et facilite les bonnes digestions.

TABLEAU N° 100

I. — Tu n'en sauras rien, à moins que tu ne t'avises de vouloir passer sous des portes trop... basses.

II. — Il n'y a que les montagnes qui ne se rencontrent pas.

III. — Oui, mais choisis un autre quart d'heure que celui qui précède le dîner.

IV. — Ta veuve inconsolable dira à ses amis : Hélas ! quand je vois le Jardin des Plantes ça me rappelle mon mari.

V. — Tu as devant toi le sujet de tes plus grosses maladies. — Elles seront nombreuses !

VI. — Quand tu seras jeune marié laisse ton meilleur ami dans l'antichambre.

VII. — En comptant sur les souliers d'un mort on va pieds nus.

VIII. — Que douée d'un goût parfait tu t'habilles beaucoup mieux que ton amie qui ressemble toujours à une vieille mazurke.

IX. — Assurément ; — Ta vie régulière t'assurera cette joie. On vous admirera ; cinquante ans de ménage ! Les qualités, les travers, tout s'est confondu ; c'est un bloc ; on finit même par se ressembler physiquement.

X. — Avant de pardonner, fais-toi payer tout ce qui te passera par la tête, après, il n'y a plus mèche.

HOROSCOPES

Il est des questions que certaines lectrices trop timides et que certains lecteurs dans la crainte d'une déception, ne nous ont pas posées. Il faut pourtant que nous les mettions à même de connaître leur destinée tout entière.

Depuis le jour de leur naissance, ils sont sous l'influence de certains astres, bienfaisants ou maléficieux, qui agissent d'une manière permanente sur leur avenir et en dictent irrémédiatement les diverses phrases à l'aide seulement de votre *date de naissance*, vous allez comploter votre connaissance de vous-même.

Les sciences occultes sont infaillibles. Elles dévoilent les qualités les plus cachées; les vices les plus noirs, disent le chemin à éviter et celui qu'il convient de suivre.

Au lecteur sage, ces pages de morale prévoyante et amusante aussi, car il faut toujours mêler le plaisant au sévère.

SIGNE DU VERSEAU

Pour les personnes nées du 21 janvier au 19 février.

La constellation du *Verseau*, étend son influence sur les personnes nées du 21 janvier au 19 février.

Elle confère à ceux qui sont nés dans cette période,

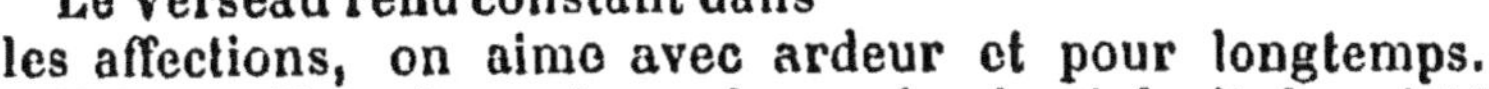

l'aptitude aux arts, fait obtenir des succès par des œuvres remarquables, présage longue vie, élévation selon le milieu, et rend orateur ou écrivain.

Le sujet sera cause lui-même de ses inimitiés et de ses pertes.

Le Verseau rend constant dans les affections, on aime avec ardeur et pour longtemps.

Il donne l'esprit gracieux, doux, simple et droit, la gaieté communicative, l'humeur égale, une certaine violence dans la colère, mais l'offense reçue est vite oubliée.

Sa volonté est ferme, parfois irréfléchie et va droit au but. Ce signe incline à la solitude, rend laborieux, patient dans les travaux et persévérant.

Les passions sont fortes, entraînantes, spontanées.

Fortune instable. Alternatives d'altérations et de chutes, mais le sujet s'en relèvera toujours soit par son énergie propre, soit par quelques secours imprévus; il aura des amis secourables par leurs conseils et leur fortune, et la familiarité des grands. Il jouira de l'estime publique et sera bon conseiller.

RÉSUMÉ : L'homme sera un vrai boute-en-train, bien portant, et sachant se contenter de son lot ici-bas, il mourra vieux, ayant toujours été heureux et sans ambition.

La femme sera sensible, ayant toujours la larme à l'œil, sanglottante et larmoyante, une vraie canule; comme la nature aime les contrastes nous conseillons l'union entre personnes nées sous cette constellation.

SIGNE DES POISSONS

Février-Mars.

La constellation des *Poissons* étend son influence sur les personnes nées du 20 février au 20 mars.

Les sujets nés sous ce signe s'élèveront par leur propre  mérite, par les arts et les sciences. En général les Poissons confèrent une certaine inquiétude d'esprit, un mécontentement de soi même, qui incite à toujours parfaire l'œuvre commencée ; on est enclin au pessimisme mais avec un esprit juste, froid, puissant et contemplatif.

Bonnes mœurs et orgueil, volonté forte mais changeante, un peu despote mais autoritaire.

Le caractère est prudent, lent à se lier, discret, avec tendance à la raillerie, caustique mais sans méchanceté.

Les sujets sont lents à s'émouvoir comme à s'apaiser mais  restent sans rancune après la vengeance. Ils sont diligents, alertes, vigilants.

La fortune viendra par les œuvres et le mérite personnel, on subira de grandes pertes d'argent par imprudences ou mauvaises spéculations.

Difficultés de famille pour cause d'héritages. Un des enfants du sujet attristera ses vieux jours par ses dissipations et jettera sa fortune aux quatre vents.

Deux mariages, ou mariage avec une veuve.

RÉSUMÉ : L'homme sera un pince-sans-rire, un pète-sec, pas toujours commode, il étudiera les ballons dirigeables, propagera le Volapuck et inventera le clyso-pompe à répétition.

La femme sera longue et sèche comme un cercle de barrique, mais une fois mariée elle deviendra une fort belle femme pleine de force et de santé, un vrai bijou de cœur et d'esprit.

SIGNE DU BÉLIER

Mars-Avril.

La constellation du *Bélier* étend son influence sur les personnes nées du 21 mars au 19 avril.

Les personnes nées sous ce règne auront un caractère simple, docile, une âme élevée, charitable, un cœur généreux, une volonté ferme, un esprit vif mais prudent, souvent religieux. Le sujet aspirera aux honneurs et pour les conquérir, il ne craindra pas la lutte.

Ce signe zodiacal donne des aptitudes plus variées que profondes, les passions sont vives, capricieuses, inconstantes ; la violence un peu brutale s'éteint vite.

Les opérations seront versatiles mais ardentes.

Fortune variable, en biens ruraux. Contestations et procès ; heureuse part dans les associations industrielles.

Grandes luttes conjugales ou ruptures d'association.

Amis nombreux et fidèles, mais inconstance dans le mariage et traîtrises à redouter.

RÉSUMÉ : L'homme sera capricieux, querelleur, un biscornu, tout ce qu'il y a de plus biscornu ; mais il sera bien dorloté par sa femme à laquelle il fera de fréquentes scènes sans motifs, bien entendu, pour lui demander pardon ensuite par une humiliation ridicule. — La femme née sous ce règne sera brune, robuste, pleine de sang et de feu avec des grains de beauté et un léger duvet sous le nez. Elle aura bon cœur, sera coquette, dépensière et sensible aux hommages.

SIGNE DU TAUREAU

Avril-Mai.

La constellation du *Taureau* étend son influence sur les personnes nées du 20 avril au 19 mai.

Ces personnes auront un caractère opiniâtre, obstiné, ne

souffrant pas les conseils, fier, de difficile accès, aimant la lutte jusqu'à la provoquer pour avoir le plaisir de la vaincre. Lentes à s'émouvoir, lentes à s'apaiser, — gardant rancune et de réconciliation difficile, à moins que l'éducation, le milieu n'aient modifié le tout, ce qui arrive très souvent ; l'instinct, cependant persistera malgré tout.

Esprit juste, curieux et fin, impressions violentes, mobiles, passions ardentes et opiniâtres.

Sentiments profonds, tenaces, taciturnes, difficiles à dis-

suader, volonté stable et persévérante jusqu'au bout.

Les sujets seront aptes au commandement et auront un esprit supérieur qui pourra les conduire à la célébrité.

Ils aiment la bonne chère, le repas d'esprit et cependant seront laborieux et patients dans leurs travaux, faisant souvent des excès de table ou de travail.

Craindre les procès, perte d'emploi ou des liaisons en dehors du mariage ; espérer des donations imprévues ayant comme mobile des choses de cœur.

Vie relativement calme sauf les luttes amenées par un entêtement invincible.

Résumé. — Nature gaie pour l'homme ; un égoïste qui aura la boulimie chronique, aimera le tabac, les promenades à dos d'âne, la pêche et la lecture de l'Almanach Vermot. S'il se décide à travailler, deviendra inspecteur de haras de vers à soie. Il mourra d'indigestion.

Lafemme sera une bonne grosse personne aimée de tout le monde, une mère Gigogne qui aura trois enfants tous les deux ans. Se mariera quatre fois, sera chérie de ses gendres qui la regarderont comme le modèle des belles-mères.

SIGNE DES GÉMEAUX

Mai-Juin.

La constellation des *Gémeaux* étend son influecne sur les personnes nées du 20 mai au 20 juin.

Elle confère aux sujets nés dans cette période, un caractère probe, accueillant, accommodant, facilement irritable mais vite calmé, peu violent et prompt à se repentir.

L'esprit est inventif, découvre aisément les problèmes scientifiques, ou aime les sciences, les mathématiques; on a l'aptitude au négoce, l'économie, l'âme noble, l'esprit fin, subtil, doublé de savoir faire, l'assiduité et la loquacité quand on s'entretien des choses qui plaisent au tempérament du sujet.

La volonté est ferme, sans rudesse, autoritaire sans tyrannie.

La fortune sera soumise à des alternatives de gêne et d'opulence.

Grandes épreuves de famille, luttes intestines.

Ce signe rend pacifique et annonce toujours de violents événements que la Providence seule peut conjurer.

Vers le milieu de la vie, il y a à redouter des obstacles à la position par des amis ou des trahisons funestes par des ennemis acharnés même de l'entourage immédiat.

Plusieurs mariages. Grandes peines de cœur, grands chagrins occasionnés par des femmes.

RÉSUMÉ : L'homme né dans cette constellation sera joli garçon, courtois, instruit; il sera heureux en mariage, et aura un enfant qui deviendra illustre. Seule sa belle-mère sera le point noir... et elle n'en finira pas de mourir.

La femme outre toutes les qualités susdites de l'homme aura une grâce enchanteresse qui la fera rechercher par tous les gens de bonne société. Elle se mariera jeune, par inclination, et s'apercevra que son mari choisi par elle a de sérieuses qualités dont elle ne se serait jamais doutée. Elle aura 19 enfants; tous ses garçons deviendront officiers, et ses filles continueront la bonne race.

SIGNE DU CANCER

Juin-Juillet.

La constellation du *Cancer* étend son influence sur les personnes nées du 21 juin au 21 juillet.

Elle donne toujours une vie un peu agitée, mouvementé inconstante, mais pleine d'action réfléchie et productive.

Ce signe confère un caractère taciturne, un esprit un peu pointu, des mœurs réglées et généralement une conduite austère.

L'humeur est changeante, mobile, capricieuse, indépendante, libérale et prompte à l'assimilation.

L'impressionnabilité est si grande qu'elle se traduit tantôt par un phlegme impassible, tantôt par une irritabilité nerveuse insolite.

Le Cancer rend actif, entendu aux affaires apte, au négoce et au commandement

Les sujets auront du mal à acquérir la fortune et il y aura dissipation du patrimoine, soit par les relations, soit par les enfants : dans la seconde partie de la vie les chances d'accroissement de fortune sont très bonnes.

On sera très protégé par sa famille.

Résumé : L'homme sera riche, bon vivant, d'un caractère égal, charitable, il aura la vue claire, le visage agréable, aimera les plaisirs champêtres et la bonne chère sans être gourmand. Bien que riche il préférera se marier avec une fille pauvre, en quoi il aura peut-être tort. Un sujet de peine l'attristera dans ses vieux jours ; ayant perdu ses dents, il portera un ratelier, qu'il mettra dans sa poche par respect humain ; un jour de malheur s'asseyant dessus, il se fera une morsure que Pasteur sera impuissant à guérir, ce qui causera sa perte.

La femme, ne sera pas bien jolie, mais comme cela arrive souvent, en compensation, elle aura des qualités, jusqu'au moment où elle se jettera dans une dévotion outrée.

SIGNE DU LION

Juillet-Août.

La Constellation du *Lion* étend son influence sur les personnes nées du 22 juillet au 22 août.

Les sujets nés sous cette influence parviennent d'eux-mêmes aux honneurs.

Le Lion donne une âme élevée, un esprit juste, un cœur noble et généreux. La volonté est forte et robuste. Le caractère est bienveillant, courageux, magnanime : constant dans les affections et dédaigneux des insultes.

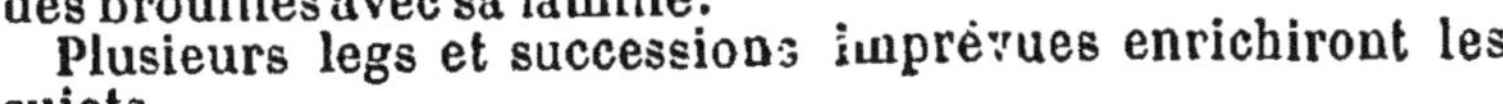

L'amitié est solide et constante, les passions, vives et raisonnées.

La colère sera soudaine, violente, mais ne durera pas.

On a le goût des armes, l'adresse, l'agilité dans les exercices corporels. Les aptitudes ne sont pas multiples, mais elles sont solides et profondes.

Pertes inopinées au jeu, ou par agent placé sans réflexion. Violentes contestations avec des parents. Enfants nombreux, luttes pendant le mariage, tribulations avec des subalternes.

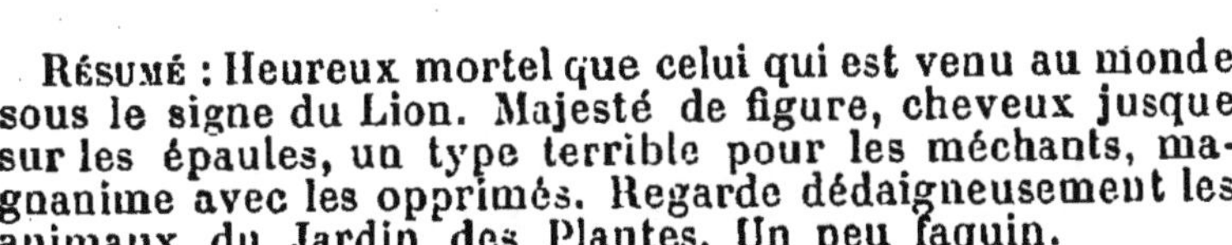

Le lion implique toujours des brouilles avec sa famille.

Plusieurs legs et successions imprévues enrichiront les sujets.

Emplois élevés et honorifiques.

RÉSUMÉ : Heureux mortel que celui qui est venu au monde sous le signe du Lion. Majesté de figure, cheveux jusque sur les épaules, un type terrible pour les méchants, magnanime avec les opprimés. Regarde dédaigneusement les animaux du Jardin des Plantes. Un peu faquin.

—La femme, sera simple d'esprit, elle aura un étonnement naïf pour les plus minimes choses, et une série d'ahurissements énormes. Bonne personne, n'ayant aucun vice, elle avalera des couleuvres sans en être incommodée. Sa naissance en juillet sera cause de l'exiguïté de sa cervelle fondue par les chaleurs de ce mois, mais on ne s'en apercevra pas, cet accident étant très commun chez ses semblables.

SIGNE DE LA VIERGE

Août-Septembre.

La constellation de la *Vierge*, influence la vie de toutes les personnes nées du 23 août au 22 septembre.

Ce signe donne : une froide raison, l'esprit de justice, la piété, et incline aux choses honnêtes.

Le caractère est bénin, doux, modeste, accort, confiant et cependant difficile à connaître.

La volonté quoique ferme et tenace, se laisse persuader.

Les sujets sont intelligents, ingénieux, aiment le paradoxe, sont lents à se fâcher, ils se repentent facilement.

Ils ont des goûts de cénobites, aiment les arts libéraux, sont aptes aux hautes sciences et aux études sérieuses, Les passions sont modérées, les opinions variables.

Presque toujours les sujets nés sous ce signe ont de la peine à s'enrichir. La Vierge présage : violences, contrariétés dans les sentiments, ruptures, séparations. Peu d'héritages à prétendre.

Résumé : L'homme né dans ce mois sera grand et fort, jouira d'une longue existence et d'une parfaite santé. Le physique laissera un peu à désirer ce qui viendra en aide à une vie sage et bien réglée. Il ne se mariera pas, ou bien ce sera très tard, grâce à son bon sens.

La femme aura toutes les vertus, se mariera bien, vivra heureusement et longuement. C'est dans ce mois que naissent exclusivement les jeunes filles destinées à être rosières. Sur dix jeunes filles nées en août, neuf recevront l'immaculée couronne.

SIGNE DE LA BALANCE

Septembre-Octobre.

La constellation de la *Balance* influence l'existence des personnes nées du 23 septembre au 22 octobre.

Elle confère : une grande douceur, l'honnêteté, les bonnes mœurs, l'âme est charitable, le cœur aimant et fidèle.

Le caractère est droit, franc, communicatif, avec un peu de mélancolie, facilement irritable mais vite apaisé.

Indécision dans les projets, esprit inventif avec aptitude pour les sciences appliquées à l'industrie.

La volonté est forte, mais indécise.

Les sujets aiment la musique, les plaisirs ; les passions sont profondes, mais hon-nêtes. L'opinion est versatile, sans consistance.

La fortune sera modeste.

On aura une grande ten-dance à se confiner dans la magistrature.

Au milieu de la vie, ren-versement de position à re-douter. Inimitiés à craindre venant de femmes ou de ma-gistrats.

Les sujets nés sous ce signe seront eux-mêmes cause de leurs chagrins ou de leur mort.

Résumé : L'homme né sous cette constellation sera sé-vère mais juste et un peu taquin, il est donc à présumer qu'il sera magistrat ; sa manie sera de vouloir régler les différends entre particuliers et dans sa famille : la maman de sa femme n'ayant pas perdu l'habitude de donner des calottes à sa fille, chaque fois qu'il voudra s'ériger en juge, c'est lui qui recevra les gifles !

La femme,... ah ! mesdames, voilà qui concerne beaucoup d'entre vous ; chacune est plus ou moins jalouse, n'est-ce pas ?... Mais les femmes nées sans ce signe, le sont féroce-ment !... jetons un voile.....

SIGNE DU SCORPION

Octobre-Novembre.

Cette constellation, nommée le _Scorpion_, influence la destinée des personnes venues au monde, du 23 octobre au 21 novembre.

Elle confère aux sujets nés durant cette période, un  esprit rusé, subtil, persuasif, mobile, rêveur, capricieux et parfois religieux.

Le caractère est ardent, belliqueux, irascible, rude et parfois violent bien que bon au fond.

Les sujets sonts lents à s'émouvoir et à s'apaiser, ils gardent le souvenir des offenses, ont des colères froides et sont incapables dans leurs vengeances qu'ils trouvent moyen d'assouvir tôt ou tard. S'ils ne sont pas les plus forts, c'est alors un flegme impertubable qui leur vient en aide. Ils aiment l'architecture, la bâtisse et ont des goûts champêtres.

Ce signe donne peu de bonheur dans la première moitié de la vie, et de la prospérité dans la seconde. Le scorpion annonce toujours des richesses. Peine de cœur ou vengeance prématurée à craindre.

RÉSUMÉ : Ceux qui naissent sous le détestable signe du Scorpion, sont bien à plaindre ; si on n'en connaissait qui sont très bons, très généreux, on serait tenté de dire: ce sont les méchants de la terre! ils sont bien un peu usuriers et chicaniers, mais cela tient à ce que tous les huissiers naissent invariablement sous le signe du Scorpion; leur état moral se ressent d'un voisinage aussi suggestif.

La femme n'aura jamais pu se résoudre à comprendre comment on peut quelque fois attacher un chien avec des saucisses ! quelques-unes auront une très mauvaise langue, mais ce sera une exception.

SIGNE DU SAGITTAIRE

Novembre-Décembre.

La constellation du *Sagittaire*, régit la destinée des personnes nées du 22 novembre au 21 décembre.

Elle confère aux personnes nées sous son influence, l'in-
géniosité, la probité, un cœur
généreux qui fait le bien pour le
bien sans souci de la reconnais-
sence. Tout bon ou tout mauvais,
disaient les anciens mages, de
ces personnes.

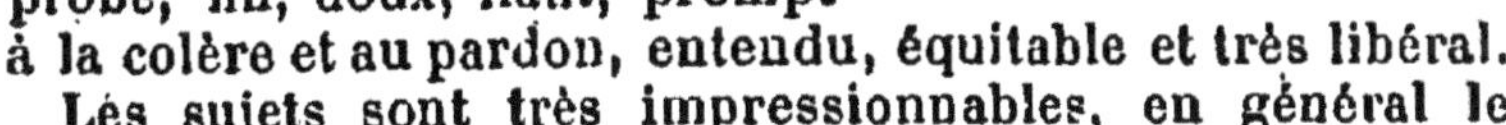

L'esprit est ingénieux, hardi,
probe, fin, doux, liant, prompt
à la colère et au pardon, entendu, équitable et très libéral.

Lés sujets sont très impressionnables, en général le
caractère est gai, et
resté très longtemps
enfantin; ils ont l'a-
dresse des mains et
du corps, aiment
l'indépendance, les
arts, certaines scien-
ces et l'étude dans
le silence du cabi-
net.

Leurs passions
sont calmes et rai-
sonnées.

Peu de biens dans la jeunesse ; la fortune sera acquise
par les mérites personnels.

RÉSUMÉ : L'homme aura la force et la légèreté (ceci pris
dans le bon sens) il sera beau cavalier, avec un physique
remarquable et remarqué ; ses bonnes fortunes seront
nombreuses. Sa joyeuse vie de garçon prendra fin par un
mariage qui assurera son bonheur et surtout sa fortune. Il
mourra d'une chute de cheval, le plus tard possible.

La femme sera aussi légère d'esprit que svelte dans ses
formes gracieuses. Très coquette elle aimera être adulée,
ce qui est bien naturel. Ses beaux yeux seront les carquois
où remiseront les flèches du Dieu malin, mais elle n'abu-
sera pas de ce dépôt... la plupart du temps.

SIGNE DU CAPRICORNE

Décembre-Janvier.

La constellation du *Capricorne*, influence la vie des personnes nées du 22 décembre au 20 janvier inclus.

Le Capricorne donne aux sujets des goûts destructeurs,

une vie active, un corps vigoureux; il rend apte aux grandes choses, confère l'éloquence. Il donne le caractère belliqueux et militant, enthousiaste. L'esprit fin, juste, entendu aux affaires est versatile, la volonté est ferme mais inconsistante.

Les sujets agiles, habiles, jouissent d'une très bonne

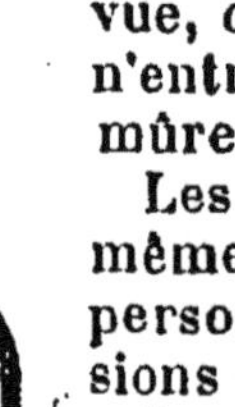

vue, ont une grande prudence et n'entreprennent rien qu'après mûre réflexion.

Les biens viennent d'eux-mêmes par le travail et l'adresse personnelle plutôt que par successions ou donations.

Inconstance dans les affections. Peu prolifique.

Mobilité extrême dans la vie, grandes luttes venant de famille ou de relations.

Pourra divorcer ou se remarier plusieurs fois.

RÉSUMÉ : Sauf exception pour nos lecteurs nés en ce mois, la plupart des enfants nés sous le signe du Capricorne sont laids ; leur figure varie entre la face d'un moineau et la physionomie d'une grenouille, c'est triste; mais il n'y a rien à faire à cela. Comme compensation ces enfants auront beaucoup ou pas du tout d'esprit. — La femme, sera légèrement têtue et capricieuse, ne pouvant jamais rester un moment en place. Elle aura un grand nombre d'enfants qui naîtront tous sous une autre constellation que la sienne par suite de la bonté de la Providence.

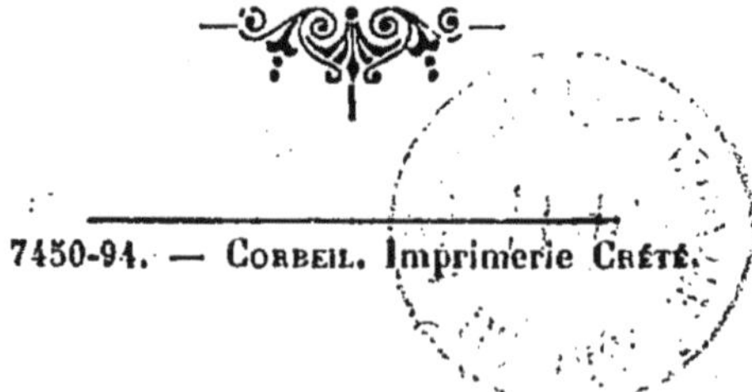

7450-94. — CORBEIL. Imprimerie CRÉTÉ.